现代服装设计思维及数字化应用研究

戎丹云　著

中国纺织出版社有限公司

内 容 提 要

本书围绕现代服装设计思维及其数字化应用，论述了现代服装设计的思维和审美艺术，探讨了数字化技术在服装设计中的作用及应用途径，并指明了数字化技术在服装行业发展中的方向。

本书既有理论的前瞻性，又具有实用性，既可作为服装类专业院校的参考用书，也可供服装企业技术人员学习使用。

图书在版编目（CIP）数据

现代服装设计思维及数字化应用研究 / 戎丹云著
. -- 北京：中国纺织出版社有限公司，2024.3
ISBN 978-7-5229-1233-2

Ⅰ．①现… Ⅱ．①戎… Ⅲ．①服装设计—数字化—研究 Ⅳ．①TS941.2

中国国家版本馆CIP数据核字（2023）第232782号

责任编辑：亢莹莹　责任校对：高 涵　责任印制：王艳丽

中国纺织出版社有限公司出版发行
地址：北京市朝阳区百子湾东里A407号楼　邮政编码：100124
销售电话：010—67004422　传真：010—87155801
http://www.c-textilep.com
中国纺织出版社天猫旗舰店
官方微博http://weibo.com/2119887771
三河市宏盛印务有限公司印刷　各地新华书店经销
2024年3月第1版第1次印刷
开本：710×1000　1/16　印张：10.75
字数：165千字　定价：78.00元

凡购本书，如有缺页、倒页、脱页，由本社图书营销中心调换

前 言｜Preface

服装设计是一种造型艺术，它有着自己独特的艺术语言和表现规律。随着数字化进程的加快，数字化技术在服装中的应用越来越广泛，服装企业对数字化的应用程度成为决定其能否在市场竞争中站稳脚跟的关键。

本书围绕现代服装设计思维及其数字化应用，论述了现代服装设计的思维和审美艺术，探讨了数字化技术在服装设计中的作用及应用途径，并指明了数字化技术在未来服装行业发展中的方向。

本书共包括五章内容。第一章阐述现代服装设计思维，包括服装设计文化与工艺、我国服装设计的发展现状、服装设计要素，服装设计创新思维。第二章梳理数字化服装设计的概念、产业发展现状及服装数字化制造的发展趋势。第三章从服装面料、结构及定制方面分析数字化服装设计的内容。第四章从几种常用的应用技术角度分析数字化服装技术的应用。第五章论述服装企业数字化信息管理，包括服装企业资源计划数字化管理、数字化服装产品管理、数字化服装客户关系管理。

本书既有理论的前瞻性，又具有实践的可操作性，论述简洁明了，既可作为服装类专业院校的参考用书，也可供服装企业技术人员学习使用。

本书在写作过程中参考了国内外大量专家学者的研究成果，在此表达诚挚的谢意！

由于笔者精力和能力所限，书中可能尚存不足和疏漏之处，敬请广大读者朋友批评、指正，不胜感激！

戈丹云

2023 年 7 月

目　录 | Contents

第一章　现代服装设计思维

　　服装艺术设计既是一种技术，也是一门艺术。服装是人类文明的一部分，文明是文化发展的直接产物。在当今中国，服装设计是一门既新兴又古老的行业，说它新兴，是因为服装设计事业是在近几年，通过人们服装品位、科学技术的不断提高才得到质的飞跃的。说它古老，是因为服装设计从古代就一直存在并传承至今。所以人类社会的文化史对传统和现代服装设计都存在一定的影响。服装设计中所蕴含的文化理念是长久以来人类文明的积淀！企业品牌和服装设计师们都是通过自己对服装文化的理解，在服装设计中融入自己的设计理念以满足人们不同的消费观。

　　如今，在推动现代服装设计发展、营造创新型设计思维模式的大前提下，除了保持设计作品的实用性功能基本不变以外，对服装设计作品的艺术性追求亦显得尤为重要。在整个服装设计的生产创作流程中，设计的思考创作过程是影响服装设计作品设计风格、气质、调性的重要环节。而差异化、多样化的思维方式是影响服装设计艺术性、实用性甚至引发更深层次思考的重要因素。

第一节　服装设计文化与工艺

一、我国古代及现代服装设计文化的发展

（一）我国古代服装设计文化

　　我国服装的发展从古至今已有数千年的历史，纵观我国古代服装的发展，文化在其中起到很大的作用，历朝历代都"根据本朝文化的发展方向制作出了众多的服装"[1]。这些服装始终以程式化的宽体式样、平面化的裁剪结

---

[1] 胡兰.服装艺术设计的创新方法研究［M］.北京:中国纺织出版社,2018.

构、装饰性的服用材料、精致的服装配件及含蓄的文化理念来进行最简化的文化传达，准确、清晰而客观地反映着舒缓、规整、含蓄、端庄、自在的民族性格和审美价值取向。

古代服装的设计依赖于其当时的文化发展，制衣者们依据其文化及当时的社会现状，设计出各式各样的服饰。在古代，服装的一个显著特点就是体现一个人的身份和地位，皇帝穿的衣服要求显示其庄重、威武、富贵，所以皇帝的衣服大多是黄色的长袍，头戴一项纯金打造的龙冠，让人从远处看到就会产生害怕畏惧之感；达官贵族的衣服要求有气质、大方，给人一种威严的形象，因此制衣者们要为其设计大方且透露出贵族气息的服饰；至于底层老百姓，由于其无钱无势，服饰对他们来说只要求遮体避寒，粗布大衣已足矣。

（二）我国现代服装设计文化

由于社会性质发生了根本性的变化，所以现代服装也随之发生了质的变化。自鸦片战争以来，西方文化大量流入我国，已或多或少地影响了我国传统文化及服装文化，而且这种影响正在逐步扩大。

西方文化的渗入使我国现代服装业有了较大的变化，现代社会发展迅速，人们对服装有了更多的要求。简洁、大方、美观或许已不再是某些人或者大部分人的追求目标，他们对服装有了自己的认识，也加入了更多的想法，所以，现代服装文化已经不再朝一个方向发展，越来越多的思想观念（多种文化思潮）会对其产生不可避免的冲击。所以，我国要想拥有自己的服装文化，需要去其糟粕、取其精华，汲取国外的优秀文化，并结合自身的传统文化形成我国特有的服装文化。

二、现代服装工艺

服装设计不是一项单一的工程，从一开始的设计构思，到最终设计师对设计的最终确定，都是一项项复杂的工程，服装设计是艺术、技术和工艺三种工序的结合。工艺的好坏直接决定着成衣的质量，现代服装工艺主要包含以下流程。

（一）立体裁剪

1.立体裁剪的技术需求

（1）规范性需求。在服装设计师进行立体裁剪的过程中，要更多地保留面料的空间层次感，这种空间层次感主要是观众心中对面料的期待，而不是三维空间。服装设计师要利用颜色及款式等方法吸引观众的注意力。在立体裁剪过程中，因设计师直面服装，故产生很强的心理空间感，可直接触发其设计灵感；而在直面面料和色彩时，又能够刺激其直接产生视觉运用感。规范化是立体裁剪技术的重要要求之一，规范化裁剪能够避免裁剪的随意性，保证结果的准确性和可复制性。立体裁剪具有专业性及统一性，这就形成了立体裁剪的规范性需求。

（2）技巧性需求。立体裁剪是一种三维的造型技术，其有很强的技巧性。利用正确的技巧，不仅能让服装具有更加美观的形象，还能满足消费者对服装运动、舒适等方面的要求。立体裁剪技术不是简单地将面料放在模型上，而是利用熟练的技巧，才能展示所设计的产品造型，设计出品质更高的服装效果。

（3）灵活性需求。服装的流行趋势还有人们对于服装审美的要求，为立体裁剪的灵活性确定了具体的标准。服装设计师不仅要不断运用立体裁剪的技巧，还要遵守造型的规范，此外，还要用灵活的、创新的、变化的审美眼光去创造服装的风格及造型，如果是相同的设计图，在主流趋势是瘦身效果或者宽松效果的不同阶段，都要针对结构线所在的位置、数量的多少等选择不同的处理方式。服装流行趋势日新月异，各种风格日益变换，决定了立体裁剪技术的灵活性。设计师和制板师需要在熟练掌握裁剪技巧、把握裁剪规范的基础上，结合时下流行风格，灵活掌握服装造型要求。同样的设计图纸，在瘦身和宽松不同造型需求下，其结构线位置、松量的加放都有很大不同，立体裁剪的处理方式也会呈现出较大差异。同时，在裁剪过程中，设计师需要保持灵活心态，边设计，边裁剪，边改进，随时根据效果进行调整，解决造型中出现的问题。例如，在礼服设计中可能会出现很多不对称、多褶皱及不同面料组合的复杂造型，采用立体裁剪，设计师就可以边设计，边想象，随时更改添加。

2.立体裁剪技术在服装设计中的应用

（1）面料方面的应用。面料是服装设计师们首先要面对的事情，在观看

T台的模特秀之后，可以从中发现面料的优点及缺点，以其为基础，再次进行款式及色彩的搭配。如镂空的面料，其特征就是虚实结合，利用立体裁剪的技术，可以让镂空面料与模特的肤色形成全新的色彩效果。这种虚实相间的效果，使观众的感官体验得到创新。

（2）款式方面的应用。服装是人们的外层皮肤，人们可以利用服装对身材的某些缺陷进行掩盖。现今社会还有一种服装设计思维，就是将主客体进行置换，将传统观念中人与服装的关系转化成人体与软雕塑的方式，进一步设计更新颖的服装。

（3）色彩方面的应用。人们谈论的色彩一般都是指明度、纯度以及色相。对于传统的平面服装设计师而言，什么颜色的布料就会产生什么颜色的服装，平面服装设计师只是基于平面的角度，充分利用服装的纹路进行相关的创作。不过立体裁剪不同，它能将颜色及面料进行融合，以便于进行更加大胆的创意制作。在平面裁剪过程中，一般设计师制作的衣服同他选择的面料是一致的，设计师在意的是服装的平面效果和纹样设计。但是在立体裁剪过程中，面料和色彩组合可能形成不一样的效果，比如面料的重叠可能出现色彩不同的浓淡效果，面料颜色同人体的自然色搭配也可能呈现不同的色彩。再者，有光泽的面料通过不同造型也可能在色彩光泽上呈现不同效果，比如纯白的纱布做细褶就能够改变自身单一的白色，使其在灯光照射下呈现更多变化。

3.立体裁剪技术在服装设计中的实际意义

一般判断服装效果如何，是观察其使用的面料以及服装的设计风格，而立体剪裁的服装设计则是利用身体的细微变化、面料的生物特征及人体工程学等技术，是对服装的一种技术革新。

（1）创造更好的服装造型。目前，品牌设计师都面临一个共性的问题，那就是怎么设计出更加新颖的服装款式。品牌服装都注意其原创性，此外，所有服装的总体风格又不可以产生较大幅度的改变，立体裁剪能帮助服装设计师解决这个难题。另外，品牌服装都强调细节，比如肩线和袖窿、分割和省道等，都可以利用立体裁剪进行设计，并由模特进行走秀展示出更加立体的效果，服装设计师再对服装进行修改，最终确定。

（2）注重服装的舒适性。在服装设计工作中，很难将服装的舒适性与合体性进行统一，一般而言，外观效果好的服装穿起来不舒适，而穿起来舒适的服装无法满足审美的需求。特别是上衣的袖窿，如果上衣袖子要展示出美观大方的效果，就要将手臂自由伸缩的程度缩小，反之，想要袖子的自由活动幅度增大，那么衣服的审美效果就会变差。利用立体裁剪可更好地结合两者的需求。

（3）减少面料对板型的影响。面料不同，相同板型的服装所展示出的效果不尽相同。随着科学技术的不断进步，很多新兴材质的面料不断出现，这为服装设计师提供了多样的选择，平面服装设计师需要进行改革与创新。立体裁剪是利用面料自身的立体感去设计服装，而且对于面料的选择范围较广，其发展的前景较好。同样的板型如果采用不同面料缝制就会呈现不同的造型效果，面料的厚薄、垂性、软硬等性能特点对样板的放松量、省量、结构线形状等要求都有所不同。与面料性能相关的板型问题是服装设计过程中的重要问题，特别是随着科技的进步，出现了诸多不同物理性能的面料，平面裁剪技术已经无法满足各种面料造型的要求，只有具有三维直观性和较强灵活性的立体裁剪技术才能顺应发展，准确把握面料性能对板型的诸多影响。

立体裁剪技术已经成为影响服装设计行业的技术，对于提升品牌的知名度具有非常重要的作用。品牌服装公司只有不断利用立体裁剪技术，并结合传统裁剪技术，才能设计出更加符合人们需求的服装。

（二）服装缝纫

缝纫技术在服装设计中尤为重要，首先，几乎所有的服装都需要缝纫机来缝纫布料，而后制成成衣，所以，缝纫机缝出来的线条和缝针穿刺对服装外观的美观具有决定性作用，不同型号的缝纫机对服装设计和成衣的品质影响不同。另外，设计师也可根据缝纫机的缝针穿刺形式的不同提前设计服装的款式，以便与缝针穿刺形式搭配。这样的设计不仅人性化，而且能实现成衣的现代化大规模生产，提高生产效率。

1.服装缝纫技术的工艺流程

主要工艺流程为验布—技术准备—裁剪—缝制—锁眼钉扣—整烫—成衣检验。包装面料进厂后要进行数量清点以及外观和内在质量的检验，符合生产要求后才能投产使用。在批量生产前，首先要进行技术准备，包括工艺单、样板的制定和样衣制作，样衣经客户确认后方能进入下一道生产流程。面料经过裁剪、缝制形成半成品，有些衣片被制成半成品后，根据特殊工艺要求，须进行后期整理加工，如成衣水洗、成衣砂洗、印绣花等效果加工等，最后通过锁眼钉扣辅助工序及整烫工序，再经检验合格后包装入库。

2.服装缝制的缝纫设备及材料要求

缝制是服装加工的中心环节，服装的缝制根据款式、工艺风格等可分为机器缝制和手工缝制两种。缝制加工过程实行流水作业。在制衣过程中，选择缝针、缝线看似是一个很简单的问题，实则不然，不仅要满足技术上的要求，还要顾及美学要求，从缝线与缝料的颜色搭配、缝线的细度选择等多方面考虑，才能达到更完美的效果。因针织面料和机织面料的特性差异问题，在缝纫的材料上会有一些特殊的要求。

针织服装与机织服装在缝制上的最大区别是采用的缝迹类型不同。机织服装应用锁式缝迹较多，而针织服装以应用链式缝迹为主。由于针织物具有伸缩性和脱散性，要求缝合裁片所用的缝迹必须与针织坯布的延伸性和强力相适应，使缝制品具有一定弹性和牢度，并防止线圈脱散。经常受拉伸的部位还要选用弹性好的缝线。

在服装加工中，将缝线按一定规律相互串套联结配置于衣片上，形成牢固而美观的线迹。

3.服装缝制过程中的技术要求

服装的缝制整体上要求规整美观，不能出现不对称、歪扭、漏缝、错缝等现象。条格面料在缝制中要注意拼接处图案的顺连，使条格左右对称。缝线要求均匀顺直，弧线处圆润顺滑；服装表面切线处平服，无皱痕、小折；缝线状态良好，无断线、浮线、抽线等情况；重要部位如领角不得接线。缝份要适合于所用材料（面、里），以及所采用的缝型，折边缝的外观不能有斜裂现象。折边量要适合所用材料（面、里），必须均匀一致、平整；下摆的面布和里布的折边量要相配。要按指定的，与面里料、缝型和缝线相符的针迹数进行缝制。各部位的缝制要良好；面线与底线宽紧须相配；缝线牵紧；止口缝迹的宽窄、缝迹的开始与结尾要一致；缝纫机送布齿的痕迹不能留在衣片上。

（三）服装整烫

服装整烫，即整理和熨烫，通过对服装进行热湿定型整烫，使服装更加符合人体特征及服装造型的需要。整烫是一项技术及技能要求较高的加工工艺，它对服装各部位进行定型处理，使服装外观平挺、美观。整烫的主要作用是使衣片面料得到预缩，消除皱痕，保持面料的平整；利用纺织纤维的热塑性，改变其伸缩度及织物的经纬密度和方向，使服装的造型更符合人体曲线与功能要求，达到外形美观、穿着舒适的目的；整理服装，使服装外观平挺，缝口、褶洞等处平整、无皱，弥补缝制工序中的缺陷。

1.服装整烫工艺的分类

服装整烫是一项工艺的总称，大致可以分为以下几类。

（1）部件整烫。又称小烫。一些流水线生产的专业服装工厂包括缝纫和整烫两个工种。部件整烫的主要工作内容包括衣缝缝合后的烫开分缝，衣片折边以及衣领、口袋等附件翻向正面后的定位、定型，烫出里外匀以及做出"做缝标记"等。

（2）热塑变形整烫。又称归拔工艺。这是一项技术性较强的整烫工艺，操作者要有一定的技艺和经验。一件服装的外观造型优劣，穿在身上是否合体，主要取决于衣片的热塑变形处理。它要求操作者一只手拿住熨斗，另一只手拉住衣片或推送整理衣片，使熨斗经过之处，衣片的经纬纹变形或伸长，或归拢，或拉宽，或皱缩，从而达到预期的设计要求。熨斗的安放部位、走向、推送速度和温度等都同归拔工艺有着密切的关系。

（3）成品整烫。又称大烫或整烫。从一般服装工序来看，整件服装缝制完成后的整烫属于服装加工的最后一道工序，也是带有成品检验和整理性质的整烫工艺。成品整烫的技术要求比较复杂，除了要求熟悉各类衣料的性能外，还要求熟悉服装缝纫工艺知识，并能对服装缝制过程中出现的质量问题提出修改意见，对服装上发现的油渍、污渍也要设法除去。掌握成品整烫工艺对一般家庭来说也很有用处，因为服装经洗涤后的整烫，其方法和成品整烫大致相同。此外，服装熨烫是综合运用温度、湿度和压力三个熨烫要素，按人体特征和服装款式要求对衣片、服装半成品进行热压工艺处理，这种工艺处理除了要求操作者掌握丰富的熨烫技术知识、熟练的技巧外，还需要熟练应用服装各部位塑形、定型处理的熨烫工具、设备和机械。熨烫的主要工具有熨斗（普通电熨斗、自动调温电熨斗和蒸汽熨斗）、加水工具（喷水器、水盆、水刷）、熨烫馒、弓形烫板、马凳等。

2.服装整烫工艺的流程

服装整烫工艺流程分为手工整烫工艺和机械整烫工艺，手工整烫工艺形式大致有推、归、拔、缩、褶、打裥、折边、分缝、烫直、烫弯、烫薄、烫平等，其中技能性较强的有推、归、拔。整烫工艺流程应根据产品种类、设备结构来选择，对同一件服装又分为中间整烫和成品整烫。如男西服上衣中间整烫工艺为敷衬、分省缝、分背缝、分侧缝、分止口、烫过面、烫袋盖、归烫大袋、分肩缝、分袖缝、分袖窿、归拔领子。男西服上衣成品整烫工艺为烫大袖、烫小袖、烫前身、烫侧缝、烫后背、烫双肩、烫驳头、烫领子、烫袖窿、烫袖山。男西裤中间整烫工艺为拔档、烫后袋、归拔裤腰、烫侧缝、分后档缝、分下档缝。男西裤成品整烫工艺为烫腰身、烫裤口。女西装与男西装的整烫工艺流程大致相同。在这里介绍西服的主要整烫方法与步骤，可使用西服定型机进行肩、领、袖等部位的塑形，也可用喷气熨斗进行整烫。因制作时每一个部件都进行了熨烫，因此整烫时所花费的时间就减少了。整烫的原则是先里后外，先局部后整体，从上至下，整烫深色面料时必须盖水布以避免产生极光，另外还要保持熨斗底部的清洁。

3.服装整烫的作用

人们常用"三分缝制、七分整烫"来强调整烫是服装加工中的一个重要的工序。整烫的主要作用有三点。

（1）通过喷雾、整烫去掉衣料皱痕，平服折缝。

（2）经过热定型处理使服装外形平整，褶裥、线条挺直。

（3）利用"归"与"拔"整烫技巧适当改变纤维的伸缩度与织物经纬组织的密度和方向，塑造服装的立体造型，以适应人体体型与活动需求，使服装达到外形美观、穿着舒适的目的。影响织物整烫的四个基本要素是温度、湿度、压力和时间。其中温度是影响整烫效果的主要因素。掌握好各种织物的整烫温度是整理成衣的关键问题。整烫温度过低达不到整烫效果；整烫温度过高则会把衣服熨坏，造成损失。服装在裁、缝、烫的制作过程中，将平面材料制成合体的服装，先通过款式设计、结构设计、缝制加工等方法进行处理，最后需通过归、拔、烫工艺来弥补上述不足，以满足人体及服装造型要求，即服装加工中讲求的"烫功"。服装制作中"四大功夫"，刀功（裁剪）是先决条件，手功最难，车功关键，而烫功效果最明显。

总而言之，服装整烫具有以下意义和作用：经热湿加工，使服装产生预缩，可熨平服装上的褶皱、改善服装外观；通过热湿定型，使服装外形平整、褶裥及线条挺直；通过热湿整烫，适当改变服装材料的纤维结构，塑造适合人体特征及服装制作所需的立体效果，以适应人体曲线要求和人体活动方便的需求。

第二节　我国服装设计的发展现状

一、我国服装设计行业现状

（一）我国服装行业问题

我国服装业有两个非常重要的第一：世界第一的"服装制造大国"以及世界第一的"服装出口大国"。但是，在经济全球化的形势下，服装行业的竞争日益加剧，这对我国服装行业既是新的机遇和挑战，也是我国从服装大国成为服装强国的关键。

1.服装行业品牌缺乏规模

近年来，虽然我国服装企业的品牌意识不断加强，但服装行业目前还缺乏真正意义上的国际服装品牌。我国服装行业最成熟和稍微具备国际竞争力的当属男装和羽绒服，集中了好几家上市公司，它们品牌实力较强，规模和竞争力都处于服装行业前列。但是总体来说，盈利能力不足，主要还是通过低成本优势与国际品牌进行竞争。

（1）出口发展是加工的优势，而非品牌优势。我国现阶段的服装出口形式是原始设备制造商（OEM，也称为代工），主要通过为国际上的知名服装品牌进行贴牌生产和加工，以换取较为低廉的加工费用。我国服装产业的发展主要依靠廉价的劳动力以及密集型的加工和生产，国外的知名品牌正是看中这一特点，而将服装工厂设置在我国，从而降低自身生产成本。

（2）自有服装品牌受到冲击。在服装品牌称霸的服装市场上，随着经济竞争越来越激烈，部分国际服装品牌通过降低生产成本获取竞争优势，导致我国自有服装品牌受到严重的冲击，利润空间逐步缩小。同时，世界上其他人口较多的发展中国家看中了制造工厂的盈利形式，导致我国服装产业面临着较为严重的市场危机。

（3）服装企业只重视创造，不重视创牌。现阶段，我国多数企业只关注他国品牌提供的蝇头小利，忽略了对自身品牌的创新与发展。现在欧美品牌开始称霸国际服装市场，这导致我国服装品牌在国际上的发展越来越艰难。由于我国部分服装企业不审视自身品牌的建设，又缺乏相应的资金与技术的加持，再加上民族意识较为淡薄，导致我国服装品牌的国际化之路举步维艰。

2.服装设计水平低

我国服装行业的国际竞争能力低，主要体现在设计水平低。在服装设计方面存在模仿、抄袭问题，国内一般品牌抄袭国内大品牌，国内大品牌抄袭国外品牌。国内许多大规模的服装企业，实际上是典型的加工型企业，其生产能力相对较强，设计能力和营销能力相对较弱。服装设计水平低是我国服装品牌国际竞争力弱的主要原因。

3.服装产品缺乏附加值

我国外贸服装总体来说在世界上占据很重分量，这种分量是指"量"的堆积，而在"质"的层面上还远远不够。也就是说，我国外贸行业重视数量，轻视质量。存在低水平重复建设问题，缺乏附加值。

4.服装市场网络营销不合理

由于服装设计能力不足，限制了我国服装企业的发展。我国服装品牌与国外先进品牌相比，最大的差异在于供应链不同。我国很多服装品牌开店的数量非常多，有的多达六七千家。但是品牌竞争不是靠开店数量来取胜的，关键是供应链，整合全球最大的制造供应链，以及发展越来越强大的物流供应链。另外，我国服装行业在营销技术和服务增值方面比较欠缺。

（二）我国服装网络营销的现状

目前，网络营销已经渗透到经济生活的方方面面，越来越多的企业参与其中。网络营销是以现代营销理论为基础，在确保消费者个性需求得到满足的条件下，追求企业的利润最大化，模糊了企业与消费者之间的界限，从而把消费者整合到企业的营销过程中，企业能直接向消费者展示自己的产品，接收并回复消费者对产品的批评和建议信息，简便快捷地建立了企业与消费者长期稳定的关系。对于服装业而言，网络营销作为一种新型的商业运营模式和全新的销售渠道，具有极强的生命力和发展前景。

1.实施服装网络营销的必要性

随着信息技术的普及和网络技术的飞速发展，它已经成为现代生活方式的重要组成部分。人们对互联网越来越熟悉，它几乎覆盖世界的每个角落。网络的普及使人们获取信息的差别越来越小，它的平等性和自由性充分为人们提供了自由发展空间，释放了更多的价值观，成就了多种正向思考的信念。

服装行业的网络化发展紧随时代步伐，它有利于推广企业信息，树立品牌形象，实现持久利润。

服装企业的业务流程烦琐，每天需要处理成百上千的库存单位，需要管理无数的款式、结构、客户标识甚至更多数据，这也给服装企业的信息化和网络化管理施加了很大压力。传统的服装企业依靠已有的营销渠道尚能获取足够的利润，网络营销对它们来说不过是杯水车薪，多年的积习与庞大的身躯使它们难以在网络的海洋中畅游。

随着三维试衣的发展，通过网络平台使网络试衣变得轻而易举。网络技术的发展和软件升级必将为服装行业的网络营销开拓更广阔的发展空间。面对信息时代形成的新一批消费者，网络作为一种新的生活方式正逐渐得到越来越多的关注，在自由平等的网络空间中形成的多种价值取向不断地碰撞和融合，在多元化的消费市场结构下，网络营销能否在整合营销的潮流中持续成长，关于服装品牌网络营销的论述层出不穷，给有志于利用网络平台的企业提出了新的挑战。我国服装企业需要突破区域化市场优势，使各个区域的市场份额得到平衡。服装品牌为获取更多的收益，应了解消费者的需求，创新营销方式。

2.服装业网络营销的现状

在现代经济市场环境下，网络营销是企业营销实践与现代通信技术、计算机网络技术相结合的产物，是以电子信息技术为基础，以计算机网络为媒介和手段而进行的各种营销活动的总称。简言之，是买卖双方在互联网空前开放的网络环境下不谋面地进行各种商贸活动，满足消费者的网上购物需求，实现在线电子支付以及各种商务交易、金融及其他相关的综合服务活动。在网络营销中，企业实行"软营销"方式，在遵守网络礼仪的同时，通过对网络礼仪的巧妙运用来获得一种微妙的营销效果。网络销售在整个服装行业销售总额中所占比例将会越来越高。各大服装零售商都争相发掘网络这一新领域来维持和巩固已有顾客资源、增加市场份额。互联网除了作为一种获取市场份额的有力工具之外，还可更好地树立服装品牌形象、增进与客户的关系。甚至可以说，网络营销是网络时代的服装企业不可或缺的营销模式。

（三）我国智能服装的发展现状

智能服装将最新科技与传统纺织及服装设计工艺相结合，综合材料、电子、机械、自动化、计算机、通信等最新技术成果，在多学科技术相互渗透下，内涵不断延伸，技术快速发展，产业持续升级，促使整个纺织服装行业由劳动密集型向技术密集型转变。近20年来，欧美国家对智能服装的发展非常重视，心电和呼吸监控智能服装逐渐被应用于医院护理和家庭护理，提高了患者的生活质量，同时大大降低了护理成本。由于目前智能服装还不能将传感器、电子器件、电源器件和导线更好地集成到服装中，因此用于长期健康监控的智能服装的舒适性有待改进。高稳定性和高精度的柔性传感器技术、超低功耗电子技术和新型服装加工技术是智能服装应用和发展的基础，这些技术部分处于产业化前期，因此，要将这些技术予以整合，实现具备高精度、高稳度性测量、高舒适性和长时间续航的智能服装还需要一定的时间。

近年来，我国在智能服装领域也取得了一些进步，相关的先进技术具备进入产业化应用和推广的潜力，但是由于应用智能服装进行人体健康监控和预警是一项系统工程，需要互联网平台将穿戴智能服装的个体、移动设备、医疗机构和医护人员等节点有机结合起来，才能为人们的健康监控和疾病预防提供最佳的服务。

长期以来，困扰智能服装的问题是低电池容量、电子设备的高能耗和柔性传感器（尤其是高精度和高稳定性柔性传感器）的缺乏。近年来，低功耗电子设备、柔性电池和高容量电池发展迅速，柔性传感器已经成为智能服装发展的瓶颈。因此，柔性传感器材料成了目前研究的热点，通过解决柔性传感器和互联网平台的瓶颈技术，智能服装能够在慢性疾病监控、预警和老年人护理中发挥重要的作用，其市场潜力巨大，可为人们提供更好的健康服务，缓解医疗机构和养老机构的压力，具有很好的社会效益。智能服装的研发涉及三个关键技术。

1.具备高精度与高稳定性柔性传感器的制备技术

柔性传感器能够监测人体的心电、呼吸、血氧、汗液成分、人体温度、人体运动状况、人体尺寸变化等静态和动态生理参数，是智能服装感知人体生理信号和获取外界环境变化的关键部件。新型柔性传感器的开发和柔性传感器的精度与稳定性的提高是急需解决的关键技术问题，通过自黏附、生物兼容的新型柔性导电材料和半导体材料的研发，可以实现人体生理信号的长期稳定测量的高效传感器的研发。

柔性传感器是连接电子设备和人体的关键感知元件，将导电材料和柔性基底结合形成电阻型、电容型、电感型或压电型传感器，目前研究最多的是电阻型传感器。柔性传感器的稳定性和可重复性是目前研究的重点，最近几年，纤维级柔性传感器、柔性生物传感器和柔性芯片也受到越来越多的关注。

2.具备智能服装的制备技术

智能服装能够感知人体的生理参数的变化和外界环境的变化，并做出相应响应以保护人体免受外界伤害，或对人体自身生理参数异常变化做出预警。传感器、电子设备和线路不显眼地集成到服装，并且不影响人体的服用舒适性是智能服装制备的关键技术，低功耗电子设备、小尺寸柔性传感器和柔性电路技术可以满足高性能智能服装的制备要求。

智能服装的制备主要是将传感器、电子器件、电源器件和导线集成到服装中。目前，柔性电池和可拉伸的柔性电池已经被开发出来，柔性导线直径能达到0.3mm甚至更小，电子元器件的低功耗能够满足使用电池供电进行长时间测量的要求。丝网印刷技术与高性能纳米复合材料能够实现在服装上印制稳定的电路和导线，微纳米加工技术能够不显眼地将微型芯片直接植入服装的某个部位，使智能服装与普通服装不会有明显的差异，这种高度集成的智能服装是未来智能服装发展的方向。

3.具备柔性传感器和智能服装的评价技术

2009年，香港理工大学开发了用于表面生物电干电极动态噪声性能测试的动态评价系统。近几年，天津工业大学研制了一系列织物传感器的力学电学性能测试仪器，能够用于压电压阻传感器的各项性能指标的测试。智能服装的服用舒适性是其重要的性能指标，香港理工大学研制的"Walter"暖体假人能够对服装的热湿舒适性进行科学客观的评价。新型柔性传感器和智能服装性能评价是提高质量的重要手段。通过开发和应用柔性传感器测试仪器，对柔性传感器的灵敏度、精度、稳定性、重复性和迟滞性等关键技术指标进行系统的测试，通过人工气候室和暖体假人对智能服装的舒适性进行测试评价。

随着电子技术、材料技术和互联网技术的快速发展，科技投入力度的逐年加大，以及大型企业的介入，智能服装领域已经取得巨大的进步。随着柔性传感器技术和柔性材料微纳米加工技术的快速发展，智能服装有望突破技术瓶颈，拥有巨大的市场潜力。相较于现有的智能可穿戴设备，集成柔性传感器的智能服装无疑能够更好地与人体结合，实现长期连续的监控，而不对人们的生活产生任何不便。智能服装能够为现有的医疗和养老模式变革提供强有力的技术支持。因此，可以预见，未来智能服装将拥有巨大的市场规模。

二、我国服装艺术设计存在的问题

（一）服装设计风格泛化

1.服装设计风格泛化及其表征

在后现代主义思潮的影响下，服装的外延已被扩展到更多的领域，它既是艺术家手中的艺术品，又是设计师借以传达理念的载体，同时也是消费者的日常消耗品，服装设计风格泛化正是其最显著的表现。

服装设计风格泛化使服装设计作品的风格完全处于游离状态，由于后现代主义艺术的开放性，各时代、各民族的艺术可以互不冲突地同时出现，设计师充分掌握各地区、各民族、各历史时期、各流派的艺术风格，将自己置于过去与未来、激进与传统、中心与边缘、理性与非理性等思想碰撞中。归纳起来有以下三个主要表征。

第一，呈现某一服装风格的明显特征。任何材料和主题都可以作为服装的素材，但呈现的风格是模糊的，这就是后现代主义服装的风格。有的作品某些元素呈现东方元素，但又有明显的街头风格；或借用未来主义风格，这些元素的无序组合和变化使作品的风格难以界定。服装设计师正是利用这种后现代主义理念打破旧的主题和风格，游离于各种设计意念中，自觉遵循无风格、无主题的设计风尚，这种融汇了各种风格元素的后现代主义服装通过风格的模糊在设计上获取了更大的自由。

第二，采用非常规的创作素材。在后现代主义服装创作中，偶然因素起到重要的作用，服装设计师并不像传统设计师那样刻意地寻找某种创作素材，即兴的、偶然的灵光一闪是许多后现代主义服装作品产生的源泉。不管是什么样的素材，只要适合当时的创作灵感就能够用于服装设计创作，没有地域，也没有文化理念的冲突。后现代主义服装设计师利用偶然的素材设计的作品没有以往那种深刻的含义，更没有传统服装那种功能性的千篇一律，只有蕴含于偶然中的那种随心所欲和虚无缥缈。

第三，非常态化的创作态度和思路。对于后现代主义服装设计师而言，如果抛开一般设计创作的主题深度和思维模式，创作意图是模糊、不确切的。同一种服装作品，不同的人可以产生不同的感受，如时尚或传统，浪漫或古典等。从这种创作意图隐晦的作品中，能够体现出设计师和受众不同的审美个性和不同文化背景的差异，体现人们内心所隐藏的向往和期待、缺失或者需要的某种东西。

2.服装设计风格泛化的深层哲学意蕴

服装设计风格体现在服饰作品的诸要素中，即表现为主题选择的独特性，色彩表现手法和材料的选择运用独到，塑造形象的方式和对艺术语言的驾驭具有独创性。服装设计的创作过程是设计师对潜在的着装者（消费者）进行艺术表达和寻求审美认同的过程，而着装者（消费者）正是通过对服饰的选择达到与设计师在风格式样、审美情趣以及德行品格上的默契和沟通。

服装风格的本质在于它既是设计师对着装者独特而鲜明的表现结果，也是着装者对服饰艺术作品进行欣赏、体会、品味的结果，这从某种更深层次的意义上揭示了艺术创作与艺术欣赏的本质特征，体现出现实世界与审美客体的同一性与无限多样性的辩证关系。真正具有独创风格的服饰艺术品能够产生巨大的艺术感染力，从而成功地将设计师个人的思想、情感、审美理想与着装者在喜好、趣味上发生碰撞，在文化精神层面不断延伸。

服装设计风格泛化的表现来自后现代主义服装设计，后现代主义服装对传统予以解构和选择性的重新组合，将那些过去和现在所呈现的要素折中起来，带有明显的"模糊性"和"不确定性"。后现代主义服装设计风格在否定过去的同时，又对未来的超越表现出它的矛盾和对抗性。

传统服装风格的建立是设计师成功的最主要标志之一，当今前沿服装设计师的创作并不刻意追求模式化的风格延续。在多元文化背景下，某个服装设计师或者某个品牌如果一成不变地沿袭自己的风格，反而会被流行淹没，成为"陈旧"的代名词。一个成熟的品牌固然要有极具经典性、代表性的风格面貌，但也要随着时代的变迁、流行的脉搏不断地更新自己的设计理念和风格形象。这样的品牌才能在稳定的客户群体的基础上不断笼络新的客户群体。后现代主义服装风格提倡摆脱和超越固有的设计模式和表现效果，不刻意肯定或否定服装设计创新中的种种概念，打破设计师、服饰品和受众之间的界限，正是这种思想给原创设计师提供了无穷的灵感和发展空间。

3.我国服装设计风格泛化的现状及问题

相对于西方国家而言，我国本土的服装设计尤其是后现代主义服装设计起步较晚，国内大部分服装企业和品牌，特别是中小企业和品牌依靠设计书籍、网络素材，以及定期赴我国香港、国外采风等途径开展服装设计工作；我国服装设计师在学习、借鉴和反思的过程中，被动地接受了后现代主义思想，任何风格的设计元素都可以被他们应用于不同档次的服装，他们可以将不同国家、不同民族、不同风格的设计元素任意搭配，从而形成了所谓的中国服装设计的风格泛化。但相对于西方的风格泛化均是设计师的原创设计而言，我国服装设计的风格泛化采用的是"拿来主义"，只是大量拷贝和复制，并没有设计师真正的设计思想及理念蕴含其中，大部分企业和品牌的设计师完全抄袭西方服装的流行元素和卖点来迎合消费者。因此，从某种意义上说，我国的服装设计并没有真正意义上的风格泛化。

另外，国外品牌服装非常注重消费者心理特征和生理要求的研究，其投入占服装总成本的30%左右。不管是在现代主义还是后现代主义服装设计过程中，西方设计师都会把设计理念建立在对消费群体的详细分析上，而许多中国服装设计师根本就不考虑消费市场和消费群体的具体特征。我国本土服装企业表面上很重视设计部和设计师，但对到市场买样衣等做法非常热衷，认为这样才能吸引消费者。

西方服装设计风格泛化的盛行培养了一大批优秀的后现代主义服装设计师，如弗兰克·索比耶（Franck Sorbier）的作品一直以来都把不同民族、不同时间、不同空间的风格融合起来，集浪漫、优雅、精致于一体，让人形成一种时光流逝、世界各民族大融合的奇特感觉。他的服装中，除运用手绘图案、雪纺、绢布、蚕丝纱外，最拿手的还有缎带的缠绕，以及在薄纱上织出丝绒图案等，每一件作品都是似雕塑、如图画的精品，虽然其服装设计的主题会有所变化，但其设计理念始终如一，吸引了一大批不同国家、不同肤色的消费者。

在我国服装界涌现的具有后现代主义风格泛化特征的服装设计师屈指可数，如比较有影响力的设计师马可，她的作品重在诠释一种自我想象的梦境，崇尚自然，很好地将传统面料与现代面料工艺相结合而研发出各种新型面料，并融合了古朴与时尚的风格，利用多样化的结构处理表达出东方的自然美和西方的穿衣姿态。又如设计师丁勇，其作品主要从形式上进行各种风格的综合运用，采用随意、唾手可得的自然、田园素材进行任意组合而产生不同的主题感，给人以丰富的遐想。但是中国后现代主义服装的引领者并不是中国的服装设计师，而是大都市中以追随时尚为己任的年轻力量，这些人是后现代主义服装不折不扣的实践者，他们受韩国、日本、中国香港等国家和地区流行时尚的影响，在穿着、发式、行为等方面刻意模仿。

（二）我国服装品牌存在的问题

现如今，人们与设计的关系越来越紧密，无论是人们的生活方式还是行为思想，都在不停地被新的设计改变。大家在享受新的设计带来的生活乐趣的同时，也更加认可设计的重要性，于是，我国设计师终于迎来了一个可以大展才华的新时代，而在时尚界，我国设计师也开始逐渐受到世界的关注。越来越多的华人设计师登上了美国、英国、米兰等国际时装周，用作品向世界展示自己作为一位中国设计师的审美与格调，并得到了国内外时尚界的认可。于是，当从国际秀场的掌声中回来之后，许多华人设计师开始了自己独立品牌的探索之路。

设计师品牌最早在法国、意大利、巴黎等国家起步。例如，今天国人耳熟能详的一些著名奢侈品品牌，如迪奥、香奈儿、皮尔·卡丹等都是直接用创始设计师的名字来命名的原创设计师品牌。因为在西方，服装产业最初属于手工业，是从手工工坊的形式发展起来的，早期的设计师也兼具裁缝的工作，他们一边设计服装，一边制作服装。当一些出色的作品受到了法国宫廷及上流社会的青睐时，这种"青睐"会带动整个社会的效仿。在全法国掀起一波又一波的时尚浪潮。设计出这件作品的设计师也会一夜成名，受到爱美人士的热烈追捧。从此创立自己的品牌，开创其独特的品牌文化，随着时间的流逝积淀成历史，让品牌越来越具有多重价值。

在中国，服装产业模式是紧跟市场的风向标，目的是大规模满足社会大众的日常着装需求。所以像法国这种自上而下的服装流行方式几乎没有存在的基础。如设计师郭培的青花瓷礼服，由于这些服装都是出席特别场合的礼服，和广大消费者的联系并不紧密。在市场中有大量的本土设计师品牌还在发展的道路上苦苦挣扎和摸索，遇到很多的困难和瓶颈，难以跨越。

1.产品品牌附加值低

很多设计师品牌由于小众的设计风格而无法得到广大消费者的认可，导致销量较低。为了避免库存积压，他们的货品不能批量生产，所以成本较高，不得不提高价位。虽然按照国外设计师品牌的销售风格，小众与高价是非常正常的情况，而且依然能够受到国外消费者的追捧。但是当本土设计师把这些小众、高价的产品放到国内市场的时候，销售业绩非常惨淡。其原因就是产品没有丰厚的品牌附加值，或者说其产品的品牌附加值没有得到国内的消费者的认可。

随着近些年中国经济的快速发展，人们的生活水平日益提高。中国消费者的消费实力常常震惊国外高档消费市场，使几乎所有的外国品牌都齐齐地看向中国这片丰厚的市场。这种现象说明了两个问题：第一，中国消费者乐于并且有实力在穿着打扮上进行昂贵的消费。第二，这些买得起的消费者消费的不仅是一件衣服的材料和设计，他们更多的是在消费产品背后的品牌，通过产品，将自己与品牌的品位、历史、地位及价值相连接，从而体现自己的品位、地位和价值。所以，即使本土设计师设计出了和国外品牌一样水准的服装，但由于没有创造出自己的品牌价值，其产品不仅卖不到国外品牌的价格，就连某些本土工业化品牌产品的价格也卖不到。因此，中国设计师在创立原创品牌的时候，不仅要专注于产品的设计，而且要打造其独特的、充满魅力的品牌文化。设计师品牌最核心的灵魂一定是创始设计师本人。因此，设计师本人的魅力和"明星效应"就变得非常重要。像国内大批的所谓"知名设计师"其实只是服装行业内的人知晓而已。消费者并不认识这些"知名设计师"，更不用说要让消费者来理解和认可这些设计师的自主品牌的价值了。分析国外的设计师品牌，无不与时装工业、电影业、流行娱乐业，甚至传媒业结下了不解之缘。

所以，中国的本土品牌创始设计师一定要善于利用各种媒体宣传自己和表达自己的观念。利用设计师的个人魅力来带动消费者的追随，影响消费者对穿着的选择，最终形成一个具有强大吸引力的品牌。

2.秀场款式与销售款式的差别大

许多非常有才华的设计师可以在秀场上充分展现自己的风格与能力，却常常在市场中迷失了方向，因为把握不住审美与实用的结合点，怕消费者觉得自己的产品太过"独特"而难以接受，影响销量，所以尽量让自己的产品变成常规基本款。这使人们在看了秀场上精美的服装后，满怀期待地来到其品牌销售专柜，却发现其货品平平淡淡，没有太多可圈可点之处，不禁感到失望，不再对此品牌及其设计师进行关注。于是很多设计师品牌就这样失去了一批又一批潜在的客户。所以，在设计师创立品牌之初，就要明确品牌的风格路线。如果要张扬个性，就势必小众，否则，如果打着"设计师品牌"的旗号而卖平庸或个性不足的产品，那么势必竞争不过工业品牌。当下正是一个人们都想表明个性的时代，因此，市场也在随之慢慢地细化。设计师品牌不要害怕自己的设计风格太过与众不同。设计师品牌务必要清楚自己的定位和优势，坚定不移地走下去，才能充分显示自己的价值，不至于被快速变化的市场吞噬。

3.服装销售策略较为混乱

很多设计师品牌的产品在上市之初，定价非常高，但经过一段时间后，由于销售业绩不佳，顶不住库存的压力，开始促销打折。这种看似"常规"的销售策略，实际上非常不利于设计师品牌的发展，会消磨掉设计师品牌独有的格调与魅力，沦为普通产品，甚至彻底失去竞争力。因此，寻找一种合适的销售方式，制定最符合品牌自身情况的销售策略，是每一个设计师品牌的必修课。这些都最好由一个专业的销售团队来支撑。很多设计师不仅要管理设计，还要管理销售，不仅精力跟不上，而且没有过硬的销售知识与手段。因此，很容易因为经营不善而将品牌推到垂死的边缘。

我国设计师品牌想要发展至成熟，还需要一个相当长的过程，期间必然充满各种坎坷与困难。不过这也是一个中国实现腾飞的充满机遇、屡现奇迹的年代。许多帮助本土设计师发展的平台正在迅速地搭建起来。所以，相信只要设计师坚守自己的信念，加上不懈的努力去解决所遇到的困难，一定会让自己的品牌越走越远，创造出属于自己的辉煌。

（三）我国服装科技创新存在的问题

这是一个彰显个性的时代，人们以穿着独具个性的服装为荣，通过服装来表明自己的品位与生活观念。为了满足当代人对个性的追逐，个性服装呼之欲出，新型服装应运而生。生活中，表现为各种新型面料的应用，如竹纤维、珍珠纤维、大豆纤维等。这些服装穿起来既舒适又美观，而且具有保健功能，非常受消费者的喜爱；时尚界中，出现了大量的由环保材料制作而成的服装；科技中，不同领域研发出了具备相应功能的高科技功能服装，如宇航服、防火服、防水服等。

1.对服装的科技创新重视不够，市场混乱

长期以来，相对于西方国家，我国对服装科技创新的开发研究重视不够，加之技术力量单薄，不注重科技投入，缺乏创新意识，制约了我国服装生产技术的发展和产品质量的提高。一些缺乏生产能力、不具有技术力量和财力的投机分子利用服装科技市场机制不规范的漏洞，也加入服装科技市场的竞争中，使市场运作鱼龙混杂，这不仅造成服装科技创新的无序竞争和不正当竞争的加剧，也严重损害广大客户的利益。

2.服装面料的科技含量欠缺

我国在服装面料的科技创新上，与先进国家还存在一定差距，无论在艺术还是技术、质地等方面，面料生产都不能完全满足国内服装科技创新的需求。目前，我国在相关服装面料的科技创新领域处于起步阶段，面、辅料的科技含量低、技术薄弱等因素，致使我国在该领域的研究还有很大的进步空间。

第三节　服装设计要素

一、服装造型设计

从广义来讲，造型是一切形体的演变过程。从视觉艺术的角度来看，就是视觉实体和视觉艺术语言的形体演变形式，它包含人见到的所有东西的形体演变过程。从狭义来讲，造型是"设计者应用各种材料的静止状态或者材料间发生各种有机关系，以此表现自己的主观想法，实现满足人们审美需求的目的"[1]。

"造型"包含于艺术设计中，包括平面绘画造型、立体雕塑艺术等。其中，素描也属于造型表现非常重要的一个方面，它不仅能训练造型能力，还

---

[1] 何婵.现代服装设计研究［M］.长春:吉林摄影出版社,2018.

能训练设计表达方式。

造型能力需要设计者具备坚实的写实能力。现代艺术设计作品精彩与否，有没有创造力是关键。思想狭隘或者造型能力弱都会影响作品的艺术表现力，到底什么才是设计过程中需要具备的造型能力？服装设计的视觉活动需要造型能力：造型可以清楚表达造型目的；造出的"型"具有时代、艺术、民族、文化等特性和个人风格；造出的"型"能准确传达信息，并使人产生视觉美感；造型与设计内容、设计意图相符。不管擅长以什么形式造型，都必须坚持以上四点。

（一）造型基础与服装设计教育

设计专业教育在我国的发展主要有两条主线，一条是以苏联及西方绘画为代表的写实设计教育，另一条是以"艺术与工艺品的概念"为依据的设计，两者都采用西方现代教育的课程设置方式。前者注重素描和色彩，后者注重设计理念。"三大构成"是我国设计专业课程的基础。

服装设计专业作为艺术设计专业中的一种，与我国设计专业教育的发展有着千丝万缕的联系。为了使我国设计专业教育继续发展，有必要学习国外服装教育的优势，为服装设计专业的发展奠定良好的基础。

最为重要的是要实现教育观念和教育理念的转变。在很短的时间内，教学管理和教学习惯难以改变。只有真正实现教育内容、方法、目标等方面的全面转变，才能够适应当今世界服装设计的发展。

长期积累的教学经验启示我们，只有采用更为有效的教育模式和教育方法，积极培养设计专业学生的创造性、批判性思维，才能激发学生的学习热情。

（二）造型基础与设计素描

所有设计专业培养和训练造型基础能力的基本途径都是素描，设计素描的客体一般都是客观世界的现实，是所谓的"图像"，也是设计师头脑中想象的世界，被称为"心像"，但是，设计的目的从来就不是单纯地将现实反映出来，而是从自然的角度出发，创造出人脑中最为理想的事物。

作为一位艺术家或者设计师，以有计划的蓝图在二维空间创造事物是基本能力。素描最终的设计对象使造型功能发挥基础性作用。需要重视素描的作用，否则只能想象却看不到画面效果。

现代设计素描的概念极为广泛，超脱了传统的美学、哲学、文化和审美心理范畴。训练要求和目标不再依据传统素描的标准，在基本训练的基础上，添加抽象图形、对象分析，以及材料性能。这种设计素描就包含服装设计素描的基本训练。它区别于传统的素描意义，强调素描的应用性。服装素描也称为服装画技法，训练基本构图、服装造型表现和质感表现能力。

（三）造型与服装设计心理

1.艺术是一种心灵的自由释放

"艺术是一种人类心灵的自由释放。"[1]服装设计具有不同的审美需求，设计师在面对设计对象时，情绪产生波动，与自己内心的想法产生共鸣。因此，作为一个设计师，应该以自由的心境和艺术的方式进行设计。

艺术设计必然需要自由的心灵，在创作阶段，主体和客体是相互联系的，设计师自主意识的初衷，使得自己在创作中作品的艺术价值被极大提升，以此实现自我。

服装设计应当以心灵自由为前提。服装设计师的个人风格及品行为他设计出成功的服装作品奠定基础，与此同时，其作品也会表现出心灵自由的需求。

设计师的创造活动不仅是为了获得名声和财富，同时也是一种体现自我价值观的方式。服装设计既是一种艺术创作的方式，又是设计者实现自我表达的途径。然而，在设计创作时，意识形态有时会和精神需求相左，外界的诱惑和压力也会影响设计者的艺术创作。

精神自由还表现在超出现实的设计目标上。设计师根据自身的经验、感受、情绪，通过一定的技法，以设计创作升华设计对象的固有属性。自由不是无边际的自由，更不是完全背离现实的幻想，而是以设计对象为文本，体现主体的自由，寻求艺术元素的表现。艺术的本质是创造，自由的想象是艺术创作的前提。

优秀的创作一般都扎根于人们的实际生活，但是又必须超越生活本身而实现理想的状态。服装设计师源于内心的设计灵感与具备自身特性的感情水乳交融。跳脱的创作灵感及丰富的个性表现，使创作行为不同于其他生产活动，是经验和想象相结合的升华。

---

[1] 何婵.现代服装设计研究［M］.长春:吉林摄影出版社,2018.

2.造型心理基础

造型包括基础造型、设计中所需的造型、绘画中的表现造型。在创作处于造型阶段的时候，一定内含着创造的元素。

艺术设计者的主导性作用体现在眼、脑、手的协调运用上，同时应该从客观出发，以超于客观的角度再现客观，跳出常规框架，综合展现主客观因素。因此，加强造型能力的基本形式和技法的训练，比如设计素描技法的学习是必不可少的。这里值得注意的是，不可完全采取传统的方式，因为画一件物品和有思想地设计一件物品是截然不同的。

造型能力的重点是准确。在艺术与设计方向的训练中，艺术设计者有时无法正确理解造型能力。由于许多学习者的认识不够，对于造型能力准确性的训练方法过于生硬、机械，因而不能正确地理解和提高造型能力。应站在视觉、知觉的角度，清楚地了解造型能力和服装设计能力的关系，从而为服装设计奠定良好的基础。

二、服装色彩与图案设计

（一）服装的色彩设计

色彩是服装的灵魂，带给人们最直观、最感性、最大的视觉冲击力的首推色彩。

1.传统色彩运用

传统色指一个国家或一个民族世代相传的、在各类艺术中具有代表性的色彩特征。

古代器皿用色：我国古代具有代表性的器皿有彩陶、青铜器、漆器、唐三彩、青花瓷瓶等。彩陶以朱红色与土黄色、黑色与白色为主，色彩单纯但不空洞；青铜器以青绿色为主，色泽沉着稳健，古朴庄重；漆器多用金银色与朱红色、黑色、黄色、绿色搭配，色彩鲜明，彰显富贵；唐三彩以黄色、绿色、白色为基调，辅以蓝色、赭色；青花瓷瓶为白底青花，清爽典雅。

民间工艺美术用色：我国悠久、古老的文化氛围造就了众多的民间工艺，如泥塑、年画、布老虎。我国泥塑种类繁多，其共同点是色彩强烈、浓艳，趣味性强；年画以温婉素雅的苏州桃花坞年画与华丽鲜艳的天津杨柳青年画最为著名，一南一北，各具特色；陕北、山西一带农村盛行用碎布、棉花、丝线做成布老虎，多为橙色、红色，憨态可掬，质朴亲切。

绘画色：分为水墨画与壁画两种。水墨画是中国最具代表性的绘画方式，以水墨为主，辅以少量彩色，讲究墨与水的结合，以及勾、皴、擦、渲染等技法的运用，讲求亦浓亦淡、亦动亦静的微妙境地。壁画包括石窟、墓室、寺观壁画，如敦煌莫高窟、芮城永乐宫道教壁画色彩有黑、黄、石青、石绿、朱红、赭等，既粗犷、豪迈，又不失优雅、和谐。

2.国外艺术流派色彩运用

古典主义绘画：以安格尔（Ingres）和达·芬奇（da Vinci）为代表。以黑色、白色、赭色、褐色为基础的灰暗调子居多，作品庄重、典雅，但失于沉闷、如达·芬奇的《蒙娜丽莎》是古典主义画派的杰出代表。

印象画派：前期以莫奈（Monet）为代表，认为色彩皆来源于光，不需要肯定的线条，后期以梵·高（Van Gogh）、塞尚（Cézanne）为代表的画家不满足于再现客观物象及色彩，提倡抒发个人感受，代表作有梵·高的《向日葵》。

野兽派：以马蒂斯（Matisse）为代表的画家强调个人主观意识，追求夸张变形、色彩单纯、对比强烈，代表作为《红色的和谐》。

抽象主义流派：代表画家康定斯基（Kandinsky）认为绘画应与音乐一样，不去描绘具体物象，而是用色彩、块面、形体和构图来传情达意。

（二）服装的图案设计

当人们厌倦了千篇一律、平淡无奇的职业白领装时，他们对服装产生了更美、更酷、更符合个性宣泄的需要和渴望，这就是对服饰图案的需求。

图案是服装的眼睛，一件面料、色彩、款式俱佳的服装，如能以恰到好处的图案锦上添花，堪称完美。当然，我们要考虑到设计风格的统一性，不能画蛇添足。

图案涉及的范围极其广泛，在表现形式上异彩纷呈，在表现内容上五花八门，从产生地域上看遍及五洲四洋，大则可以表现一个凝重的主题性的装饰画，小则可以是一株草、一朵花、一个符号。但在总体上可以将其划分为三大类。

1.写实性图案

写实性图案大多以动物、人物、植物等为对象，以客观自然形象为依据，抓住自然形象的基本特征，经过加工、概括、处理，使其更完美、更理想、更生动逼真。

2.抽象、变形图案

这种图案是主观的、完全理想式的，加以创造性发挥所获得的一种新式图案，不完全受原有的自然形态束缚，抓住对象的基本特征，通过添加、概括、夸张等手法，设计出一种造型优美的图案。如在原始社会彩陶上的鱼形图案造型，由写实逐渐变为抽象的几何形、符号化形象。

3.象征性图案

中华民族是最富有想象力的民族之一。其中集鹿角、狮头、蛇身、鹰爪为一身的龙纹最具代表性。"天命神权"的龙为万兽之尊，至高无上，中国古代历代帝王皆以龙自居，华夏子孙也就自然成了"龙的传人"。凤也是人们通过想象而虚拟出的一种神鸟。除龙凤外，还有许多珍禽瑞兽被赋予美好的象征意义。如五只蝙蝠环绕一个篆体寿字而飞舞曰"五福捧寿"，一只喜鹊栖息于梅花枝上曰"喜上眉梢"。图案的素材有了，但如何在服装上应用也是一门学问。20世纪70、80年代，所谓服饰图案的运用，无非在小孩子衣襟上、裤脚边缝个小猫、小狗的图案，在女士的衣服领口、裙边缀上花花草草。21世纪，服饰图案从面料设计这第一道工序开始，就迈入了一个色彩斑斓、形式多样的世界。尤其在中式服装设计中，那种民族味道较浓的、注重艺术特色的服饰图案大行其道。

各个国家、各个民族的服饰图案都是各自文化中的瑰宝，我们在把这些精华应用于中式服装设计时，一定要注意结合华服的特点，不能东搬西抄，弄得不伦不类。要深刻理解这些宝贵遗产的精髓，灵活运用，与服装结合得丝丝入扣。

伴随着高科技、信息时代的到来，世界服装的流行趋向于大同，在人们呼唤和平、提倡环保、追求返璞归真的今天，民族的东西显得弥足珍贵。

三、服装材料设计

对服装来说，不管采用哪种设计风格，最基础的考量因素都是构成服装的材料。

（一）服装设计材料基础知识

1.织物

织物是由纺织纤维和纱线按照一定方法制成的，柔软且有一定力学性能的片状物。服装用织物是组成服装面料、辅料的主要材料。织物的外观与性能特征直接影响到成品的外观与性能。

（1）织物的分类。织物按制成方法可以分为机织物、针织物、编织物和非织造布四大类。

织物按原料成分可以分为纯纺织物、混纺织物与交织物。纯纺织物指经纬纱都采用同一种纤维纺成纱织成的织物。混纺织物指两种或两种以上不同种类的纤维混纺的经纬纱线织成的织物。交织物指由不同纤维纺成的经纱和纬纱相互交织而成的织物。

织物按风格可以分为棉型织物、毛型织物、丝型织物、麻型织物和中长纤维织物。棉型织物包括全棉织物、棉型化纤纯纺织物、棉与棉型化纤的混纺织物。棉型化纤的纤维长度、细度均与棉纤维接近。毛型织物包括全毛织物、毛型化纤纯纺织物、毛与毛型化纤的混纺织物。毛型织物的纤维长度、细度、卷曲等方面均与毛纤维接近。丝型织物包括蚕丝织物、化纤仿丝绸织物、蚕丝与化纤丝的交织物。丝型织物具有丝绸感。麻型织物包括纯麻织物、麻与化纤的混纺织物、化纤丝仿麻织物。麻型织物具有粗犷、透爽的麻型感。中长纤维织物是指纤维长度和细度介于棉型和毛型之间的中长化学纤维的混纺织物，具有类似毛织物的风格。

（2）织物的结构参数。织物的结构参数包括织物组织、织物内纱线细度、织物密度和织物的幅宽、厚度、重量等。

（3）织物的组织结构。织物组织可以分为基本组织、变化组织和花色组织三大类。

基本组织是由线圈以最简单的方式组合而成。例如，纬平针组织、罗纹组织、双反面组织、经平组织、经缎组织和编链组织。

变化组织是在一个基本组织的相邻线圈纵行间配置一个或几个基本组织的线圈纵行而成。例如，双罗纹组织、经绒组织和经斜组织。

花色组织是以基本组织或变化组织为基础，利用线圈结构的改变，或编入一些辅助纱线，或其他纺织原料，如添纱、集圈、衬垫、毛圈、提花、波纹、衬经组织等。

（4）织物的服用性能。织物的服用性能可以分为耐用性、美观性、热湿舒适性、安全性与功能性。耐用性、美观性主要与纤维的力学性能、耐日晒性能、耐腐蚀性能相关。热湿舒适性主要与纤维的透气、吸湿、保暖关系密切。

2.服装面料的认知

用作服装面料的织物种类繁多，其性能、手感风格和外观特征各不相同，因此，在衣料选用和缝制加工过程中可依此进行鉴别判断。对服装面料的认知，从宏观上要能辨识织物的正反面与经纬向，从微观上要能辨识织物的原料、织物的结构、织物的密度、织物中纱线的细度以及织物的体积、重量。

（1）面料正反面认知。进行服装制作时，多为织物的正面朝外、反面朝里，但也有为取得不同的肌理效果而用反面作为服装正面用布的设计。一般而言，织物的正面质量优于反面。

（2）面料经纬向认知。面料的经纬向通常具有不同的物理性能。一般来说，经向的密度通常大于纬向，经向可以具有一定的悬垂性，而纬向的弹性多优于经向。织物的经纬向影响着服装的美观性、合体性、稳定性与耐用性。因而需要确定织物的经纬向，以保证服装的质量。

（3）织物原料的鉴别。纤维是构成纺织品最基本的物质，不同的纤维、不同纤维成分的构成比例对织物的耐用性、舒适性、美观性等有重要的影响。可以从织物的经向和纬向分别抽出纱线或纤维，选取合适的方法鉴定组成织物的原料。

（二）服装面料的基础设计

1.服装面料的外观设计

服装面料的外观决定了服装视觉风格，因此，运用各种题材的图案元素，根据服装不同的造型需要设计图纹，并结合面料色彩，整体设计出面料的外观，并使外观设计后的服装面料具备艺术特点，这是服装设计的一个重要环节。

（1）服装面料的纹样设计。

①独立组织形式。独立组织形式的纹样也称为独幅纹样，是指造型完整的独幅类构图纹样。其形式多样，可繁可简，可工整可活泼。

独立组织形式的纹样在服装面料设计中常应用于特定的部位，如服装的衣领、口袋、衣身的某部位以及围巾、包袋等服饰配件上，其图案主要以花草、植物、风景等题材。因此，在服饰整体设计中，独立组织形式的纹样能起到强调、点缀的作用，能达到引人注目的效果。

②连续组织形式。连续组织形式是指花纹以重复出现的方式大面积平铺

排列，其主要特点是连续性强。

其一是二方连续纹样。在独幅组织纹样的构图中，运用二方连续纹样将织物的边缘部分使用线条形的装饰，按照上下、左右的方向，反复连续排列成带状二方连续纹样。

其二是边缘连续纹样。边缘连续纹样是与二方连续相类似的纹样形式，主要表现为首尾相接，图形是呈圆环状或方环状的边缘纹样，在连续的过程中有一个用于转折方向的角纹装饰。角饰纹样造型和连续纹样部分有些不同，但在风格处理上要求一致。

其三是四方连续纹样。四方连续纹样的骨格构成主要有散点式、连缀式、重叠式三种类型。

（2）面料纹样的风格特征。

①纹样题材、纹样风格在面料中的运用表现。以花卉、植物为主题。在面料纹样的设计中，多以花卉和其他植物为主题，尤其用在多姿多彩的印花织物上。此类主题的纹样历史悠久，产生于公元前，由于地理环境、气候不同，产生了不同纹样的要素。如埃及、古代波斯、印度、中国的纹样以植物为主题的有睡莲、棕榈、菩提树、唐草、宝相花、唐花、牡丹花、莲花、菊花、玫瑰花等。具有代表性的花卉、植物类纹样有玫瑰花图案、郁金香图案、喇叭花图案等。此类纹样不仅适宜做服装，也被建筑、工艺品等领域广泛使用。

以民族、民俗为主题。以世界各地区、各民族的传统图案为面料纹样的基础，设计具有异域风情的纹样，备受人们青睐。以民族、民俗为主题的纹样，不但展现了繁荣的染织史，而且形成了纹样设计的新潮流，并能直接表现极具民族风格的服装外貌。因此，近年来在服装界流行着东方的、复古的潮流，同时以东西方传统纹样为主要表现形式的面料图案也深受欢迎。典型的民族纹样有佩兹利涡旋纹样、夏威夷印花纹样、美洲印第安图案、印度印花、爪哇蜡染印花、东方风格图案和中国蓝印花布、扎染图案等。

以抽象、几何形为主题。几何纹样最早源于彩陶及原始器物上的纹样。其最具代表性的是点、线、十字、矩形、直弧、三角、山形、文字、货币及蕨类等，也有天文地理方面图像化的日、月、星、山、火和雷纹、云纹等纹样。许多极端抽象化的几何纹样，使人感到神秘而原始。我们将它们借鉴应用到面料纹样的设计中，会产生脱离具象的梦幻感。在运用以几何形为主题的设计时，我们更加注重面料纹样的色彩设计。目前，现代艺术与未来艺术作品中的抽象图纹也被广泛应用。

以动物、兽皮纹为主题。将以动物的外形特征及动物、野兽表皮纹理为素材设计的纹样运用在服饰中，充满了现代时髦感。时尚、随意和个性化是此类花纹的主要特点。同时对比强烈的斑斓色彩，配合模仿自然的图纹，能使人产生奇特的视觉感受。典型的动物纹样有鸟羽纹、蛇纹、虎纹、斑马纹等。

儿童、卡通图案为主题。千姿百态的卡通形象的图案，常用于儿童的服装纹饰中。典型的图案有米老鼠、兔八哥、加菲猫等，这些可爱的动物形象在卡通片中的精彩呈现，征服了世界各地的观众。

②表现织花纹样特点的要求。织花纹样是染织艺术织花门类中具有代表性的品种。其历史悠久、工艺精湛，具有独特的艺术风格。其以工整、精细见长，纹样以精致高贵、古色古香、花色华丽而著称于世，深受消费者的喜爱。具体特点如下。

第一，结构严谨。无论是写实还是写意，虚幻还是具象，最终所有织物纹样都要通过经纬交织的纱线来体现。所以织物纹样要求脉络清晰、绘制到位，不能随意涂画。

第二，层次分明。织物纹样的色彩有限，技法也受到工艺的制约，画面的层次不多，所以花纹和地纹的处理必须分明，套色也要清楚，表达不能含糊不清。

第三，花型丰满。作为写实的花卉纹样，无论大花还是小花，造型都要饱满，大体呈球形，花瓣则要表现得圆润、柔和，以选择花的正侧面形象为佳。设计时一般在平涂的基础上辅以撇丝、枯笔、泥点、晕染等技法，形成有一定体积感、有如浅浮雕般的效果。

（3）服装面料的色彩设计。服装面料的外观与色彩，应从服装的总体设计出发，根据色彩的色相、明度和纯度变化进行分析，以表现风格协调的花纹。例如，设计古典风格的服装面料时，多选用典雅华贵的花草纹样，也有传统的条纹、格子构成的几何纹样。在色彩的设计上，为适应典雅的面料的怀旧情调，须寻求一种优雅、宁静的色彩形象。

休闲服装面料、民族服装面料等诸多风格的设计，在面料的花纹配色上都各自蕴藏着本民族特定时期的文化内涵和传统习惯，并借鉴各民族的艺术风格，呈现出一种崭新的设计。因此，面料的花纹是多层次、多方位的，花纹和色彩的配置需要根据面料的整体风格进行设计。

服装面料外观效果的艺术性和整体性的体现是由面料色调来决定的。当面料的花纹面积大而余地少时，花的颜色作为设计的主色调，能够呈现单色多层次或绚丽多彩的外观效果，起到弥补某种面料材质的低廉感和其他缺陷的作用；当面料的花纹面积小而余地多时，以地的颜色为设计的主色调，能够给人以轻柔、理性的印象，也能显示某些面料材质的高档感。

色彩的选择运用，加强了服装面料花纹所具有的民族性和时代性。在面料纹样设计的选材上使用具有中国民族风格的传统图案，如牡丹、龙凤、中国文字等吉祥纹样，在服装设计中融入了更具代表性的民族气息以及它所代表的祥瑞之意。

许多国家的著名设计师都根据民族的风格特点选用色彩。例如，中国印象的色彩以深沉、丰富的高彩度为特征。在红绿相间的配色中添加金黄色、宝石绿、紫罗兰等，组成深沉而鲜艳的色调，强化了服饰图案的中国民族特色。

（4）织物的风格特征。织物因纤维原料、纱线组成及组织结构的多样化，呈现出丰富的外观效果。通常风格特征是指服装面料作用于人的感觉器官所产生的综合反应，它受到物理、生理和心理因素的共同作用。

织物的外观风格主要包括视觉外观特征、触觉特征、听觉特征和嗅觉特征等。

视觉外观特征。以人的视觉感官——眼睛，对织物外观作出评价，即用眼观看织物得到的印象。这也是织物给人的第一印象。织物的视觉外观描述包含颜色、光泽、表面特征等指标。用于描述织物光泽的词语主要有自然与生硬、柔和与刺眼、明亮与暗淡、强烈与微弱等；用于描述面料颜色的词语主要有纯正、匀净、鲜艳、单一、悦目、呆板、流行、过时等；用于描述面料表面特征的词语有平整与凹凸、光洁与粗糙、纹路清晰与模糊、肌理粗犷与细腻、经平纬直、无杂无疵等。

触觉特征。以人的触觉感官——手，对织物的触摸感觉做出评价，又称手感。通过手在平行于织物平面方向上的抚摸，垂直于织物平面方向上的按压及握持，抓捏织物获得触觉效果。面料的触觉特征主要包含面料的软硬度、冷暖感与表面特征等。用以描述面料软硬度的词语有柔软、生硬、软烂、板结等；用于描述面料冷暖感的词语有温暖、凉爽等；用于描述面料表面特征的词语有光滑、爽洁、滑糯、平挺、粗糙、黏涩等。

听觉特征。以人的听觉器官——耳朵，对织物摩擦、飘动时发出的声响做出评价。不同织物与不同物体摩擦会发出不同的声响。在穿着过程中，由于身体运动，衣料会发出声响；当风吹拂时，织物飘动亦有声响。声响有大与小、柔和与刺激、悦耳与烦躁、清亮与沉闷等之分。长丝织物较短纤维织物声响清亮、悦耳，如真丝具有悦耳的丝鸣声。相同材料的织物，紧密、硬挺、光滑声响明显。织物声响在特定的情景下，对服装起到一定的烘托作用。如婚纱、礼服等，与灯光、音乐、背景相辉映；帷幕、窗帘、旗帜飘动时，声响效果使环境增添一种流畅感。

嗅觉特征。人的嗅觉感官——鼻，对织物发出的气味做出评价。清洁、干燥、无污染的织物一般无特殊气味；印染织物如水洗处理不当，会使织物带有染料气味；动物毛皮如经鞣制处理不当，会带有动物毛皮气味；为了防蛀，织物带有樟脑精气味；蜡纱绒线和织物会带有化纤特有的气味。有些织物带有香味，是根据消费者需要，经改造纤维或后整理处理而产生的。

2.服装面料的服用性能设计

织物面料在穿着与洗涤过程中，会受到反复的拉伸、弯曲、摩擦、日晒等物理作用，因而在进行织物的设计时，也需要考虑这些方面对织物性能的影响。同时，研究表明，消费者对于服装穿着舒适性的要求日益提高，织物穿着舒适性的设计极为重要，主要包括热舒适性、湿舒适性与触感舒适性的设计。随着新型面料的研发与后整理技术的发展，人们对于功能性面料的要求越来越高，本节将重点介绍织物的功能性设计。

（1）织物的耐用性能设计。衡量面料力学性能的指标有很多，主要包括拉伸强度、撕破强度、顶破强度、耐磨性能。这些指标主要用来衡量织物的耐用性。

服装在穿着过程中，臀、膝、肘、领、袖、裤脚等部位因受到各种摩擦而发生损坏，使服装的强度、厚度减小，外观上发生起毛现象，失去光泽，褪色，甚至出现破洞的情况，这种破坏称为磨损。耐磨性能是指织物具有的抵抗磨损的特性。耐磨性能的重要性主要体现在工作服装和儿童服装的设计中。

纯纺织物的力学性能取决于织物的原料与纱线。若想改善织物的力学性能，可以通过与力学性能优良的其他纤维混纺。例如，棉的舒适性优良，但保形性较弱，制作外衣时，挺括度不够，可以通过涤/棉混纺，提高织物的力学性能，提升服装的外观美感。

（2）面料的舒适性能设计。服装穿着的舒适感是衡量服装材料的重要指标。除了纤维本身特有的性能使服装具有舒适感外，还可以通过改善衣着纤维的性能来达到一定的舒适水平，具体表现在以下两个方面。

①热湿舒适性。服装在穿着过程中，调节着人体与环境所进行的能量交换，使人体的体温维持在一定水平，从而保持热与湿的舒适感。服装的款式以及穿衣的方式会影响服装对热湿的调节，而织物自身性能更是与服装热湿调节的能力关系密切。织物的热湿舒适性能包括隔热性、透气性、吸湿性、透湿性、透水性、保水性等。

②触感舒适性。触感舒适性主要针对贴身穿着的服装。它包括接触冷暖感、刺痒感与压力舒适性。

影响织物冷暖感的主要因素有纤维原料、纱线结构、织物结构等。

当织物与皮肤接触时，由于织物与皮肤相互挤压、摩擦，使皮肤产生刺痛、瘙痒的不适感，就是织物的刺痒感。织物的刺痒感主要产生于毛衣、粗纺毛织物和麻织物等。

服装的压力舒适性主要针对紧身服装，如女性胸衣、牛仔裤等紧身服装。如果服装对人体产生过大的压力，会对人体造成不适感甚至病变。而贴身穿着的女性胸衣对于压力舒适性的要求则更高。压力舒适性与织物的弹性、服装的结构设计关系密切，也可以从这两个方面改善服装的压力舒适性。

（3）面料的功能性设计。由于目前有许多特殊的工作领域和特殊工种，所以需要特别的功能性服装。因此，织物的功能性设计是重要的一环。例如，消防服装、抗菌服装、潜水服装、航天服装等都不是一般意义上的服装，被称为功能性服装。

功能性服装的设计首先应依据所需功能的要求，选用可以满足该种功能的纤维材料。

当单层功能纤维无法满足人们对功能服装的需求时，可以考虑服装的多层设计。例如，热防护服装的主要功能要求是耐高温、阻燃，因而可以选用耐燃性能优良的纤维，如芳砜纶等。而热防护服装只考虑耐高温、阻燃还不足以达到保护消防员的目的，因为救火过程中消防员体内产生的热湿也需要及时散发，否则也会导致消防员处于危险之中。因而在热防护服装内层的材料设计中还应选取具有良好吸湿性、透气性的面料，同时外层面料应能防火、透湿。此外，还可以对织物进行阻燃整理，从而达到防火的目的。

目前，功能性服装被应用在各种特殊的工种中，如航天服、热防护服、防辐射服等。

（三）服装面料的应用设计

儿童、中老年人群是两个特殊群体，他们的服装除了常规功能要求外，还有年龄的特殊需求。

1.童装面料设计

童装可分为婴儿装、幼儿装、少童装等。由于儿童的皮肤娇嫩，所以服装在面料材质上，首先要选择适应儿童细嫩娇柔肌肤，符合国家标准要求的童装面料。如儿童用面料，根据国家强制性标准，面料的甲醛含量应为0，且应是手感柔软、吸湿透气性强的天然纤维面料。同时，面料的视觉设计要符合儿童生理、心理的需要，如色彩、图案的设计要有童趣。在材料设计方面，舒适性、透气性、耐磨性等为优先考虑的因素。

由于婴儿的皮肤非常柔嫩，排汗量大，大小便排泄频繁，因而婴儿装的面料以柔软、耐洗涤、吸湿与保温性能良好的棉、毛织物为主，如细平布、泡泡纱、毛巾布、精纺毛织物、法兰绒等天然纤维材料。

幼儿装以柔软结实、耐洗涤、不褪色的平纹织物、府绸织物以及毛织物或混纺交织物等面料为宜，还应注意选用质地柔软的织物，夏季注重吸湿性，冬季选用保暖性好、重量轻的面料。

童装讲究柔软、宽松，易于穿脱，便于活动。所以，面料应尽量选用牢度好、舒适、耐洗涤、不褪色、不缩水的面料。夏季可选用吸湿性和透气性较好的细平布、色织条格布、泡泡纱等，冬季和春季可选用厚棉布、卡其布及各种混纺织物。

童装面料的中性色调始终主导着童装面料的色彩，例如，红色系列中柔和的桃红色、鲜嫩的粉红色，浅淡的中明度橙红色与之相互交映，蓝色系列中柔嫩的浅蓝色也成为主流色彩。注意应用色彩时，还要关注儿童面料的时尚趋势，让儿童也能从小领略时尚的要素。

2.中老年服装面料设计

目前，中老年人对服饰、仪表的要求也与时俱进，不同的身份、经历使他们具有不同的审美情趣。因此，总体概括中老年人群对服装的选择是：以端庄文雅的传统风格融入现代人所崇尚的简洁、大方、实用、自然的服装为主。此外，中老年人群对于服装的要求一改过去耐穿、价廉的要求，要求服装能够和自己的身份、生活环境相融合，要能体现自己的个性和爱好，以及他们对美的认识和人生阅历。他们喜欢的面料，以舒适、柔软、透湿透气性能强的天然纤维织物面料为首选。普通的化纤、混纺织物以其价格偏低、实用性强的优势，成为他们用以日常外套的面料选择。

在选择服装面料时，他们会综合自己的体型、肤色、个性等因素来选择，如胖体型会选择薄厚适中、较挺括的面料。瘦体型比较适合柔软而富有弹性的服装面料。皮革类的服装是中老年人群理想的冬季服装，但价格可能会影响他们的购买行为。

（四）服装面料与配饰的搭配设计

服装配饰与服装面料的关系是局部与整体的关系。离开服装（面料），配饰是没有意义的。然而，点缀的服饰配件也不能随意与其他不相关的主体搭配。点缀物要恰如其分地出现在应该出现的"配角"部位，使人充满青春的活力，生机盎然。在服装上配以饰品，会对服装的整个造型起到画龙点睛的作用。服饰的搭配，能反映出一个人的文化修养和审美水平。服装配饰是服装整体不可或缺的组成部分。

服装配饰有头饰、挂饰、腰饰、面饰、脚饰、颈饰、耳饰等，它们各有不同的用途，由此产生了各种不同材料的配件装饰品。如金、银、宝石制作的项链、手镯、耳环、戒指、胸花、别针等，还有使用不同纤维材料制作的发卡、纽扣、腰带、方巾、帽子、鲜花、绢花、提包、袜子、鞋、伞等。

由于服装配饰在服装中是"配角"，所以它的色彩常是中性色或无彩色，体量较小，起到点缀效果。在使用这些装饰用的点缀物时，一般采用统一融合的方法。如西方的婚礼服，配以白色的耳环、项链、手套、皮鞋、头饰，手里拿着白色的花束。这些点缀物与白色婚礼装组合成一派冰清玉洁的色彩气氛相融合。另外，也可以使用面积悬殊的对比色配饰做点缀，可起到呼应和关联的作用，或起到强调、分离、淡化的作用。服装配饰虽然是配角，但对整体服装效果却是不容忽视的。

现代服装中服饰丰富多变，其变化许多是通过服装配饰来实现的。如不对称的划分形式、斜线划分形式、交叉线划分形式、自由线划分形式、多种线组合形式都离不开运用服装的配饰进行组合。例如，服装配饰方巾，在组合不对称线的划分形式中具有举足轻重的作用。过去，方巾仅用来包头、围颈，而现在可以成为全身服饰的装饰品；过去，方巾只适用于秋、冬季，而现在四季都可使用。方巾的用途广泛，款式多样，色彩艳丽。方巾用于包头可衬托面容的美艳。用方巾围颈，方巾色彩与服装的色彩形成对比，起到点缀作用。方巾斜向披肩时，可形成一种优美、活泼的灵动感。方巾用来束腰，或扎在发髻上，或拿在手中，或系在背包上，都给人一种别致、清新的感觉。

用方巾制作服装大致是：2~3块方巾可制作一件上衣；3~4块方巾可制作一条裙子；13条方巾可缝制一套礼服。方巾的花纹图案变化能产生意想不到的效果，这是普通面料花纹所不能达到的效果。方巾作为披肩时，可与裙子、上衣、裤子、帽子、鞋等搭配，尤其是当方巾和服装的质地不同时，更能产生一种别具一格的独特效果。

使用自由线划分形式时，装饰腰带是最突出的使用对象。通过腰带的对比或类似的手法，实现整体服装的和谐。如白色套裙，为了求得变化，可系一条色彩鲜艳的腰带；质地轻而薄的面料，可搭配较细小、精致的腰带。或以套装中的相同面料做腰环，可收到既变化又谐调的效果。

第四节　服装设计创新思维

一、低碳经济与服装设计

"低碳经济"概念的提出，是哥本哈根气候峰会上的重要举措，它给全球经济指明了"绿色化能源"发展之路。就低碳经济而言，它倾向于节能环保，要求企业的一切经营都要以人为本，最大限度地确保人的身体健康，促进行业发展。在这种发展背景下，许多国家的产业面临整改，企业资源推陈出新，服装行业也面临转型，服装行业者更要认清目标，坚持走低碳、节能、减排的路线。在我国，为了顺应全球经济一体化趋势，坚持走"以绿色经济为核心"的发展之路，服装用材料也逐渐选择新能源和新材料，以满足现代人的服装需求。简而言之，在低碳经济下，服装设计需要引入更多低碳元素，积极地推行国家倡导的低碳服饰化经营方案，以新材料壮大服装产业的绿色实力，这样才能将我国的服装行业推向国际化服装发展舞台。

（一）低碳经济下服装的设计理念

1.生态服装的内涵

在低碳经济时代，生态服装作为一种可持续的服装发展潮流，它强调的是自然资源和能源的高效利用，注重人与自然的低碳共生，贯彻生态环保的思想，关注材料的循环利用，服装使用后的处理不得对环境造成污染等。它的内涵包括以下几个方面。

（1）生态服装的设计。原则要蕴含生态发展观的思想，并体现在服装生命周期管理全过程，从原料到成品的整个生产加工链中不存在对人类和动植物产生危害的污染；服装不能含有对人体产生危害的物质或不超过一定的限度；服装不能含有对人体健康有害的中间体物质；服装使用后处理不得对环境造成污染等。在服装生命周期的全过程中既减少资源消耗，又降低成本，以维持一个良好的生态环境和人体健康质量，为下一代创造出更好的生活秩序。

（2）贯彻以人为本的指导思想。人是社会的主体，"以人为本"的思想贯穿整个人类社会的发展过程。现代社会产品在满足人们物质需要的基础上，更强调满足人们精神和情感的需求，它综合了安全性与社会性，在产品的生命周期中注重环境的扩展和深化。生态服装设计的目标就是关注着装者的生理、心理健康以及社会的健康，向人类呈现具有生态美学价值的服装，真正达到人、物与环境的和谐。

（3）生态服装的基本。立足点是实现服装的低碳环保化。遵循生态学和人体工程学原理，实现服装的低碳环保化和舒适化。主要表现在：设计与生产所用的纤维在生长或生产过程中未受到污染，不会对环境造成污染；所用材料采用可再生资源或可利用的废弃物，减少碳的排放，不会造成生态平衡的失调和掠夺性的资源开发；对生产加工过程操作程序进行排碳减污控制；生产的成品对人体有保健功能，在失去使用价值后可回收再利用，或可在自然条件下降解消化，减少对环境的污染和破坏。

（4）生态服装体现了资源的节约。服装材料复杂的加工整理，需要大量的染料、助剂等化学物质，这无疑会造成资源浪费和环境污染，而且一些化学物质在服装中还会对人的安全与健康造成威胁。生态服装可以直接采用天然原料，在设计中强调材质的天然肌理和本质，尽量减少或杜绝化学物质的使用。同时，对现有服装产品进行调整和改进，在不增加资源消耗的前提下，通过对产品的结构、材料、空间、表现手法等要素进行重组和再现，达到改变服装功能和延长服装寿命的目的。

（5）生态服装是全方位、立体的生态工程。生态服装的设计与研究需要依托自然资源，运用生态学、服装学、人体工学的基本原理及科技手段，合理设计与构建服装与环境、社会、人类等其他相关因素之间的联系，并从中寻求一种适宜的平衡和优化，从而使人、服装与自然环境形成良好的生态循环。生态服装是低碳经济时代人类面临的最重要的课题之一，它已成为新时代服装潮流中风尚流行的旗帜。为此，把生态思想引入服装设计，倡导消费和使用生态服装，值得引起业界人士的重视。

2.生态服装的设计理念

生态服装设计的出现是低碳经济时代可持续发展思想在全球获得共识与普及的结果，新的设计理念不但改变了传统生产模式，也将改变现行消费方式，应引起国际服装界的广泛关注与参与。

（1）生态服装设计。理念是相对于传统服装设计理念而言的。自工业化运动以来，传统的现代主义服装设计追求的是设计的社会工程性，是一种"资源—服装产品—废弃物"的单向流动的线形设计过程，而生态服装的设计强调的是一种资源节约和循环利用型的反馈式流程模式，其构造高度接近"资源—服装产品—再生资源"的闭环生态设计过程。这一理念体现了服装与人、自然、社会之间的和谐关系，满足了可持续发展的要求。

（2）生态服装的设计理念蕴涵着历史发展的观点。从微观来看，服装都有其自身的历史生命周期，即从产品的创意产生到销售以及使用后处理，设计时应该考虑每一个环节。

①绿色创意设计。生态服装的创意除美学特征、艺术情趣、创意理念、时尚潮流的因素之外，其创造手段运用的重点主要表现在新资源的开发与利用、高性能纤维的研究与设计以及高功能性纤维产品的生态性设计方，在造型设计方面，增加再循环和低耗能无污染材料的使用；在款式构成方面，进行易于拆卸的多功能性设计与工艺技术处理；在材料选择方面，减少原料和辅料的种类和数量，采用高功能纤维的原料等，产品零部件经过加工或粉碎后可以回收，以减少对环境的污染。

②运用绿色生产技术，设计"清洁"生产方案。服装企业在推行清洁生

产过程中，一是完善产品设计，实行原材料替代，更新改造设备，实现资源的循环和综合利用；二是通过工艺改革，技术创新，加强环境管理，减少废料和污染物的生成和排放，促进生态服装产品生产，达到经济效益、环境效益与社会效益的统一。

③构建产品的绿色营销。生态服装的绿色营销，是把消费维持在资源和环境承受能力的大范围之内，保证发展的持续性，这需要政府、企业以及社会等各个方面的共同努力。政府要完善法规，推行绿色标志，加强宏观调控，扶持和发展绿色服装产业；企业应搜索绿色信息，建立绿色营销信息系统，制定生态服装产品服务战略，实施绿色产品组合定价策略，选择绿色营渠道，开展绿色促销活动，扩大生态产品的知名度；社会为生态服装的营销创造良好的社会环境；消费者要转变消费观念，选择未被污染的或有助于公众健康的生态产品，在使用过程中注重对垃圾的处置，避免造成环境污染等。

④设计产品废弃后的再生。在设计时，要求考虑原材料的再生、回收以及产品的重复使用、多次利用，避免使用不易于材料分离的复合材料以及回收困难的材料，避免使用高难度裁剪技术与制作工艺，不易于款式的改良性设计与再利用。

从宏观上来看，生态服装不仅要满足当代人的需要，还要满足不对后人的需求构成危害，要求在其设计过程中的每一个决策都充分考虑低碳效益，尽量减少对环境的破坏，体现可持续发展的战略思想。

完全意义上的生态服装是不存在的。通过生态设计，可以将服装的非生态现象降低到最低限度。

（二）低碳经济下服装设计的创新发展

1.服饰选材方面的创新方向

随着时代的发展，服装设计从业人员需要具备创新意识，注重低碳服饰材料的选择与设计，这样才有助于确保服装产业的低碳发展。服装的选材，基本上包括六个方面：一是棉麻丝毛纤维，因其属于最基础的四大天然纤维，原料可直接从自然界获得，加工过程中可减少很多污染；二是彩色棉花，彩色棉花是一种自带色彩的新型棉花，天然色彩特征显著，可以说是拥有较强天然色彩的新型纺织原料；三是原生竹纤维，这是以物理机械方法从竹子中提取出的竹纤维，具有优异的抗菌性能、抗紫外线功能和可生物降解性能；四是再生蛋白纤维，尤其是大豆蛋白纤维，具有天然纤维和化学纤维的种种优良性能；五是天丝纤维，采用有机溶剂纺丝工艺，在物理作用下完成，整个制造过程无毒、无污染，被誉为"21世纪的绿色纤维"；六是莫代尔，主要以山毛榉木浆粕为原料，纯天然、可降解，手感柔软，不管是吸湿性还是透气性都非常突出，也是较常见的环保面料，不难看出，服饰设计人员一旦采用这些新型材料，就会在很大程度上创新服装设计风格，不断提升人们的穿着体验效果。

2.服装制作方面的创新方向

服装设计的初始阶段固然重要，但是制作阶段也不可掉以轻心，必须从低碳环保的角度考虑问题，增强服饰的绿色化概念。服装在生产加工过程中会对环境、人体、资源造成很大的影响。印染过程中产生的印染废水占整个工业废水排放量的1/3，这些废水对牲畜、人群、植物都造成了不可估量的危害。服装在染色过程中要加大对环保染剂的研究，以有机染剂和植物染剂为主，设计服装色彩时要合理利用彩色纤维，减少染色工艺，同时工厂要加强对废水的过滤处理，严格检测废水排放量。服装加工制作后的边角废弃物不仅造成材料浪费，而且是污染源之一，在加工之前应严格计算面料的排料方式和利用率，对于废弃面料，可回收后分解为短纤维，做成集合制品，尽可能地选择可降解的纤维材料，比如莫代尔纤维、新型聚酯纤维。服装的制作加工涉及多道工序，只有尽可能在每一道工序中都考虑到绿色因素，才能全方位地满足服装市场的低碳化需求。

3.服装产业模式方面的创新方向

传统服装产业模式已经很难满足低碳经济下多样化的生活需求，随着人们生活水平的提高以及消费能力提升，传统产业制造业的产品造成了大量的资源浪费，服装从业者有必要考虑更多的产业模式。比如，一件衣服经常不到功能损坏的地步就因为不再惹人喜欢而被丢弃，大量的纺织品和服装垃圾滞留，旧衣回收模式变得非常有必要。在小区和校园设置旧衣回收箱，对回收后的旧衣分类整理、消毒杀菌，部分可捐赠给贫困地区的儿童，部分辅料可拆解组合后再利用，也可采用旧衣换新的模式提升服装企业新品销售量。随着共享领域的急速发展，共享服装的概念已被提上市场，在租赁基础上的共享服装被越来越多的年轻消费群体接受，该模式的目的是让消费者花较少的钱穿多种风格的服装，同时可以有效地延长服装生命周期，使每一件服装物尽其用，减少服装资源的浪费。只要处理好该模式的安全卫生问题，相信该产业模式未来会发展得更好。

在人人注重健康的时代，低碳性质的服饰的前景将会一片光明，它为人类的健康生活保驾护航。作为服装企业，必须设计出符合现代人生活需求的服饰，每一道生产工序都要倾向于绿色化，这样才能设计出流行的前沿产品，从而提升整个服装企业的核心价值。当然，服装设计人员还要不断提升自身的综合素养，积极转变设计理念，深刻领会低碳服装设计的精髓，从而高效地对服装进行创新。

二、传统手工艺与服装设计

（一）传统手工艺在服装设计中的运用现状

随着生产技术的进步，人们更倾向于将生产规模化、工业化。传统手工艺虽然制作精良，但是生产效率低，制作工序复杂。因此，在大工厂背景下，往往保留传统手工艺中最突出的特色，然后由服装设计师加入一些现代元素，或者在原有元素基础上大胆创新，形成新的服装风格。

从当前服装设计中对传统手工艺的运用来看，仍然存在很多不足。比如，当前对传统手工艺的运用，仍然存在直接拿过来装饰，没有自己的设计理念和创新设计，缺乏对传统手工艺的深加工，对于传统手工艺只是粗浅利用。有些品牌甚至为了凸显品牌的本土化，大量运用传统手工艺技法和风格，使服装审美没有现代感，丧失了传统服饰的朴素美，同时也没有现代的时尚感。这主要是因为服装设计师在设计过程中，缺乏对传统文化的深入了解，同时不能兼顾对现代时尚审美的考虑，没有将二者相融合，有的甚至为了标新立异，不是太过追求时尚，就是太过传统。

在国际时装周上，中国女明星穿着的设计感十足的传统服饰让世界惊艳。同时，也有一些设计"用力过猛"的作品让人倒吸一口气。究其原因，是设计理念不同造成的。不仅没有满足大众对审美的需求，而且不符合国际发展潮流。

（二）传统手工艺创新运用原则

中国拥有灿烂的历史文化和深厚的文化底蕴，如果服装设计师关注中国传统文化，将会汲取丰富的营养，在传统中找寻灵感，在继承中不断创新，将传统手工艺的优秀因子与现代潮流时尚相融合，有利于对传统手工艺的继承和保护。我国是一个多民族国家，且地域辽阔，每一个地方都有自己独特的手工艺，如蜡染、刺绣、镶嵌等各种手工艺都在历史长河中散发着璀璨的光芒。这些手工技法不仅具有很高的艺术价值，而且具有独特的魅力，对个性风格的追求具有重要的借鉴意义。通过对个性化的宣传，这些本就漂亮的设计风格更是让人印象深刻。

在服装设计中不仅要对传统手工艺有所继承，而且要考虑当下的审美需求，适当进行创新。通过文字和图形的运用，以及对色彩的把握来不断创新，在设计中要注意对空间设计的把控，设计主题要鲜明，并且动静结合。

中国传统手工艺是劳动人民智慧的结晶，同时，能给设计师带来丰富的灵感，其深厚的文化内涵可以给设计师提供充足的文化养分。只有在继承传统手工艺的基础上加以创新，才能让更多的人了解传统文化，喜爱传统文化，进而对其加以保护。

因此，在当代设计中，应充分运用中国传统手工艺元素，同时不忘回看国际标准和潮流，让中国的服装设计不仅具有自己独特的风格，还兼具现代设计美感。

三、装饰艺术与服装设计

装饰艺术在现代服装设计中运用了多样化的表现手法，体现了实用与审美相结合的艺术表现形式，因此受到了国内外艺术界的广泛关注。近年来，科学技术与艺术的融合使各种艺术门类呈现出多样性的特征，装饰艺术在其创意和表现方法上由于受到科学技术及相关艺术门类的影响，也呈现多元化发展的态势。

装饰艺术作为人类最早的艺术形式之一，有着丰富的内容和形式，并延伸于各个艺术门类。独有的艺术特质使其呈现出千姿百态的艺术形式，并与被装饰主体相互交融，既从属于主体，为主体的整体美感服务，又从主体中脱离出来，形成自己独特的艺术魅力。

装饰艺术体现在生活的方方面面，如家居设计、陶瓷设计、玻璃设计、首饰设计、平面设计、建筑设计和服装设计等。装饰艺术设计既要满足人们的生理需求，又要满足人们的心理需求，也就是在具备功能性的同时兼具审美性。从这个意义来说，装饰艺术在表达功能时也要表现出人类的情感，通过其特有的语言艺术深化装饰主体的功能目的和文化含义。

装饰艺术在服装设计中的涵盖面很广，包括刺绣、印染、珠饰、绳编、贴补、镂刻等，这些技法的应用既为服装的装饰性提供了工艺技术的支持，同时也使服装在其装饰美的修饰下越发凸显服装的美，这种互为衬托的表现手段更多地被服装设计师采用。

在服装设计中，功能性仍然是第一位的，但是在具备功能性的同时，人们对艺术美和视觉效果的追求也在不断强化，且采用这种方式设计的服装作品越来越受到大众的青睐。服装上的装饰语言有很多种，通过设计师的各种设计手段和技法加以实现，尤其是在现代服装设计中，装饰艺术已经作为一种独立的艺术表现为服装提供服务。

（一）装饰艺术在服装设计中的创意手法与艺术表现

装饰是一种设计语言，装饰艺术在设计中的地位非常重要。在服装设计求新求变中，人们从对面料、款式、色彩的追求逐步转变为对服装上装饰的追求。装饰不但体现在款式设计中，而且体现在对面料装饰再造的设计中，这既是装饰艺术在服装设计中的创新，也是装饰艺术在现代服装设计中的发展方向和生存空间。

1.装饰艺术在服装设计中的创意手法

装饰艺术在服装设计中的创意手法更贴近对材料的应用及创新，材料是服装设计的根本，也是装饰艺术创作的源泉。各种材料的使用也是一种创意手法，通过不同材质的属性对比和融合，再通过对装饰材料的立体性设计、破坏性设计、加减设计等手法，使材料呈现出各种不同的效果。这对服装设计来说都是其装饰性的艺术表现，可为材料的应用提供更广阔的创意空间。现今流行的混搭风格就颇为突出地说明了这一点。除材料之外，工艺技法和表现形式也是创意手法之一，丰富多样的技法和表现形式使服装设计从平面走向立体，从单一的立体走向空间，甚至现在还出现了思维的表现形式，这种融汇新时代气息的装饰艺术创意手法更具时尚性及创意性。

（1）材料的混搭。混搭就是将不同质地、不同风格的元素进行搭配组合，打破固有模式和传统理念的限制，形成一个全新的组合体，彰显个性，呈现一种与众不同的、鲜明的生活方式和生活态度。在服装设计中，最直接的混搭表现就是材料的混搭，如厚重的皮草与薄纱的搭配、牛仔面料与蕾丝的搭配等，这种混搭方式强调的是一种随意性，看似为不经意的混合搭配，却能产生强烈的视觉效果和出乎意外的时尚潮流。这种混搭新时尚不仅出现在服装、家居装饰、绘画风格上，甚至饮食上都有不同程度的表现，体现了区别于传统的新思维、新技术。材料的混搭在服装上更多的是具有装饰性的艺术效果，通过拼贴、组合、重叠等手法，使服装的发展更加多元化，同时带给设计师和消费者无限的想象空间。由于材料的混搭赋予了每一件衣服新的生命力，也使创造的过程变得更加快乐，因此，这种混搭的方式越来越受到人们的欢迎，人们也会根据自己的喜好对服装进行二次混搭设计，在上装、下装的搭配上寻求更多的变化以彰显个性。

新思路、新材料、新风格、新手法都是材料混搭中不可或缺的重要元素，是装饰艺术在服装设计中的创意表现手法之一，也是服装突破常规的一种方式方法。在求新、求变的今天，服装设计也需要不断创新、不断突破，才能适应社会的发展和人们的需求，进而推动服装设计的发展。

（2）工艺技法的突破。在服装设计上，创新不仅局限于材料的使用上，在工艺技法上的创新同样能够使服装产生独特的艺术魅力。传统工艺都是在材料的基础上，采用剪、贴、系、绣、抽、染、磨、烧、绘等方法使服装面料产生新的特性和面貌，从而使服装更具个性。在坚守传统工艺的基础上，通过新工艺的技法突破、材料的开发创新，服装展现出不同以往的一面，丰富的色彩效果和富有质感的肌理表现都突出了服装的细节和层次感。

新的工艺技法有加法型、减法型、变形型、综合型等。加法型就是通过各种手法，将不同材料进行重合、叠加而形成立体的、有层次变化的新材料，再在新材料的基础上进行材质变化、颜色变化、质感变化、肌理变化等，打破固有的单调、乏味的感觉；减法型就是将原材料通过剪除、镂空、撕裂、烧、磨等手法去除部分或破坏局部，来改变原有的肌理效果，从而产生一种新的形式美感；变形型就是通过贴、绣、补、堆积、系、扎等手法使面料具有立体浮雕的效果，增强面料的质感；综合型就是同时采取以上多种工艺手法设计出丰富多样的材料变化效果，形成强烈的对比，从而在外观上达到具有生命力的艺术效果，使服装产生生动的艺术美感。

2.装饰艺术在服装设计中的艺术表现

传统的艺术表现形式大都从材料中获取灵感，结合材料的装饰技巧进行艺术再现，而采用创意手法之后的装饰艺术，尤其是在服装设计中的装饰艺术，其表现形式从单一的自然形态经过艺术的解构重组形成了新的艺术表现形态，将原有的装饰材料与其装饰主体——服装进行分离，对装饰元素进行合理展示，再与服装重组，使原本单一的元素具有跳跃性，进而丰富了视觉体验。

在新媒体技术高速发展的今天，服装上的装饰艺术也在向其靠拢，而且在一定程度上已实现了艺术的融合。例如，近几年流行的光影艺术表现手法，在服装上就得到很好的运用和体现，使服装在脱离人体之后仍具有流动美和延伸美。这种先进的新媒体艺术的应用，必将使服装的装饰艺术呈现出更多元化的趋势，也将使服装能够像其他艺术品一样具有更高的艺术价值和地位。

服装经过设计后，最终会通过一定的表现形式再现，传统的表现形式是将装饰技巧与材料结合、将服装的表现形式与材料结合，这种艺术表现手法过于单一和乏味，在凸显艺术性和创新性的今天，大部分已被摒弃，取而代之的是具有新媒体艺术特征的表现形式。这种表现形式可以赋予服装更强的生命力，完全打破服装的各个元素，重新组合，形成既独立又得到有机整合的设计作品，这种分散、组合、聚合的方式增添了服装的灵动性和艺术性。

20世纪90年代，数字媒体艺术得到了空前的发展，随着数字信息技术的发展，各种形态的新媒体艺术接踵而来，让人目不暇接。作为一种以数字技术为依托的新媒体艺术，从本质上说，它和传统意义上的艺术形态有着明显的区别，更具有动态性的特征。这种新媒体艺术多以互动为主要艺术表现形式，成为近年来最具代表性的艺术形式之一。

新媒体艺术与传统艺术的表现形式有着关注点不同的显著特征，新媒体艺术更多关注人类的思维和想象的空间，而传统艺术关注的是媒介本身。由于这种显著的差异，人们对新媒体艺术具有一种天生的好感，在接受和适应上也更加容易融入。新媒体艺术通过人工智能的研发和应用、数据库的可视化呈现、装置艺术的探索以及虚拟现实之间的转换，通过艺术家艺术性的有效选择、利用、改造、组合，演绎出新的个体或群体，传达一种新的精神文化和艺术理念，这是一种综合的艺术展示方式，也是一种以情感为主的艺术表现形式。

服装设计中装饰艺术的创意与表现是对现代服装设计的大胆创新，对发扬现代服装设计具有深远的意义。将形式多样的装饰艺术与服装设计相结合是今后服装设计的发展趋势，可增强服装设计的艺术价值和应用价值，体现更深厚的文化内涵，也可让装饰艺术在现代服装设计中不断散发自己独特的艺术魅力。

（二）传统刺绣在服装设计中的运用

传统刺绣是我国宝贵的非物质文化遗产。刺绣所使用的材料和应用的图案可以反映当时的社会背景、经济状况、审美水平、历史文化等，它不仅是一种古老的装饰工艺，而且能够呈现社会的整体风貌和时尚流行趋势，对现代服装设计具有十分重要的影响。因此，研究传统刺绣在现代服装设计中的创新运用，发挥出刺绣真正的价值，对继承和发扬刺绣这门传统手工艺具有深远的意义。

1.传统刺绣图案的特点

一是图案样式丰富多样。我国刺绣历史丰富，刺绣图案样式也多种多样，最常用的图案样式主要包括龙纹、雷纹、祥云、山水、花鸟、鱼虫等，上述图案不仅形态优美，还能够寄托创作者丰富的情感。同时，传统刺绣图案中还存在许多叙事图案，讲述某个或者一系列故事，能够有效提高刺绣图案的艺术性和观赏性。

二是图案具有写意特点。古代普通女子在刺绣时，并不刻意追求逼真的效果或准确的比例，重在传神达意，表达她们对生活的热爱，因此，传统刺绣图案具有很强的写意特点。部分图案采用简练的线条绘制而成，仅仅以简洁的几何图案来绘制所要表现的事物，绘出了所要描绘事物的基本特征，抓住其规律性，虽然不是具体的物体，却很好地表达了其所蕴含的意味。

三是图案色彩绚丽。传统刺绣中的图案大多采用引人注目的绚丽、多样的色彩进行装饰，还会采用对比相对强烈的色彩进行烘托，以提高图案的艺术性。同时，在刺绣的过程中创作者非常重视图案颜色和整体颜色之间的对比，刺绣图案最常采用的色彩组合多种多样，如红配绿、红配黑等。创作者在进行色彩搭配时还会采用对比的方式对面料进行处理，目前应用最广的一种为纯色的强烈对比。另外，民间刺绣创作者在图案创作过程中还经常运用色晕、退晕等方式对刺绣图案的颜色进行调节，使图案更加富有层次感和艺术感。

2.现代服装设计中传统刺绣的应用意义

第一，突破传统设计的完整性。在传统服装中大多采用形象完整的图案进行装饰，比较呆板、固定。现代服装设计师突破了传统的完整性，将图案分割，对构图进行处理，更加凸显人体的曲线美。例如，将连衣裙后背设计成镂空样式，仅用刺绣装饰腰部，突出女性的美丽曲线。

第二，增加现代服装的美感。传统刺绣手法细致、图案精美，将其装饰到现代服装中更能增加服装的设计感与美感。例如，在旗袍腰部绣上贴合旗袍整体气质的花朵，不仅能够避免单调，还能提升旗袍的质感，又可以突出女性的柔美。因此，将传统刺绣应用到现代服装中，可以增加美感，使审美与功能高度统一，促进现代服装设计行业的发展。

3.传统刺绣在现代服装设计中创新运用的方式

（1）将传统手工刺绣方式与现代工业化相结合。传统刺绣工艺的制作大多完全采用手工的方式来完成，虽然能保证质量，但是由于人工的局限性制作效率很低，因此刺绣品产量不高，主要用于人们日常穿戴。随着科技的进步和工业化进程的加快，新的机器设备和刺绣技术逐渐代替手工作业，很多刺绣图案都可以用比较先进的机器自动完成，不仅保留了传统刺绣的美感，还能提高制作效率，满足现代人对绣品的需要。例如，龙凤图案的刺绣，利用现代技术不仅可以将其绣在服装上，还能将其作为图案印染在服装上并设计成镂空样式，使服装更加具有设计感，满足大众的审美需要。

（2）削弱传统刺绣中图案的寓意。传统刺绣中的图案大多具有特定的含义，如彩云纹样寓意吉祥、如意纹样寓意如意。随着社会的发展，现代服装设计中逐渐将图案寓意弱化，开始更加注重服装的形式。例如，在传统刺绣中，龙纹图案寓意皇权，只有皇帝可以使用，其他人没有权力将龙纹作为绣样。但随着我国民主社会制度的建立，君主制退出历史舞台，现代服装设计可以随意使用龙纹图案。因此，现代服装设计师不必拘泥于刺绣图案的传统寓意，可以根据设计形式的需要使用图案，形成独特的风格，凸显出形式美。

（3）创新的装饰模式。传统刺绣的图案一般都是固定的，位置比较单一，大多在服装正中央或比较显眼的位置，容易给人死板及庸俗的视觉感受。随着现代人们对服装审美要求的提高，这种传统的刺绣方式已经不能满足人们的需要。例如，有的人偏于低调，有的人偏于潮流，有的人偏于个性，这些多样的需求要求刺绣的位置要发生变化，如现代服装设计者将刺绣图案放在侧腰、肩部等位置，这样既不会显得高调，又在细节处体现了衣服的设计感，很适合低调的人群。

（4）将刺绣与现代服装款式结合。传统刺绣中的图案具有特色，是我国服饰文化中一道靓丽的风景线，将传统元素和现代服装风格结合，使整体感觉更为和谐、独特，不仅能完成对传统文化的传承，还能满足审美要求。现代刺绣设备不断更新，机绣大大缩短了手工刺绣的时间，同时使刺绣效果更为精美。例如，在面料上进行挑花时可以采用机器印刷，不仅提高了效率和质量，而且满足了人们个性化的需求，让传统刺绣更受欢迎。

随着生活水平的提高，人们对服装的要求已不仅是遮体御寒，其还要满足时尚和个性的要求。服装设计者要积极探究传统刺绣的创新应用，充分认识到刺绣的内涵与美丽，将刺绣与现代设计完美融合，设计出符合现代人审美的服装，同时通过刺绣在服装设计中的应用将这门传统手工艺传承发扬下去。

四、数字化技术与服装设计

（一）虚拟现实技术在服装款式设计中的应用

传统的服装款式设计是设计师用纸和笔完成的。20世纪80年代末，人们开始以服装CAD软件为平台利用电脑进行款式设计。近年来，虚拟现实技术在该领域的不断应用与发展，使服装款式设计系统的功能更加强大，同时也为远程的服装定制设计提供了可能。

1.虚拟现实技术在人体建模上的应用

服装款式设计的基础是人体，利用三维人体测量技术与虚拟现实技术，可以在计算机中建立号型齐全、逼真的人体模型及服装人台。如在日本旭化成（AGMS）服装CAD软件中，就提供了7～13号的各种规格的人台，还可人为地设定人台尺寸，并更改人台大小。人台不仅是二维立体呈现的，还具有很好的交互性，可随设计师的需要进行各种角度的旋转，并可设计人台周围的光线方向，使人产生一种如临其境的感觉。除此之外，世界上一些知名服装CAD品牌还利用该技术为客户提供远程量身定制服务，通过网络传输，设计师可根据顾客输入的自身相应部位的尺寸，利用虚拟现实技术为其建立三维模型，并在其模型上实现人不在场的量身设计。经过计算机的虚拟缝制，样衣会被穿到电脑中的顾客仿真模型的身上，再通过网络与顾客对试穿效果进行沟通，最终完成整个作品的设计。

2.虚拟现实技术在服装展示上的应用

虚拟现实技术在服装款式设计中的应用，还体现在服装的立体展示上。利用三维虚拟现实技术将织物三维化，并合成三维服装，所呈现的立体服装不仅可以从任意角度进行观看，还可以利用工具对其进行修改。比如，织物的图案与色彩在服装试穿过程中，可利用系统中的资料库随时进行修改、更换，可使设计工作更加直观、快捷与方便，而且可对面料的软硬度进行设定，呈现出时而挺括、时而飘逸的不同服装外观。因此，可以说虚拟现实技术可使服装未经生产加工就真实地呈现在人们眼前。

（二）虚拟现实技术在服装结构设计中的创新应用

服装结构设计也称服装制板。传统的服装制板大都由制板师利用打板工具在牛皮纸或面料上直接进行。20世纪90年代，随着服装CAD软件功能的不断开发与完善，服装结构设计系统也逐渐被服装制板师们所熟悉与接受。服装CAD的结构设计系统提供了一系列的制图工具，可更方便、精确地绘制服装结构图。近些年，随着计算机虚拟现实技术在该领域中的应用，服装样板已经实现了二维与三维间的互相转化。

1.虚拟现实技术在二维样板转化为三维服装中的应用

服装CAD以虚拟现实技术中的三维建模与显示技术为基础，可将平面的二维服装样板转化为立体的三维样衣，该项技术也被称为三维可视缝合技术。比如AGMS服装CAD软件制板系统中的一项功能可对平面的样板编辑3D点，再选择需要的人台，在虚拟环境下将样片缝合成虚拟样衣，最后放到模特身上试穿。整个过程，制板师都可与产品进行互动，可在立体状态下对款式进行修改，直到得到完全满意的服装样板。

2.虚拟现实技术在三维服装转化为二维样板中的应用

利用计算机虚拟技术，也可将立体的三维服装转化为平面的二维样板。如AGMS服装CAD软件的制板系统中有一项功能叫作原型剥离，就是在计算机虚拟建立的人台表面，剥离下紧贴人台体表的服装样片，再将这些极度合体的服装样片作为原型进行服装制板。这项技术使人们可以更方便地得到精确的原型样板，也为制作极为合体的服装提供了条件。

（三）服装设计中应用虚拟现实技术的意义

在款式设计系统中应用，设计师能直接看到虚拟环境中的设计成果，无论是模特、面料、花色图案还是具体的服装款式，都可以更直观、更逼真、更生动的立体效果呈现，其良好的交互性也使设计工作变得更加高效、便捷。在结构设计系统中应用，制板师能通过虚拟环境下二维样板到三维样衣的转换，实现不动一针一线就完成样衣试制、样板检验的工作；而三维样衣到二维样板的获取过程也可在虚拟的环境下进行，大大简化并改进了制板工作。

因此，可以说虚拟现实技术在现代化的服装设计领域发挥了极其重要的作用，随着科技日新月异的进步，虚拟现实技术也将在服装领域的更多方面向人们展现其神奇魅力。

（四）影像技术在服装设计中的创新应用

影像又称为图像，是利用人的眼睛或一切光学设备获取的物质的再一次呈现，其本质是一种视觉符号的外延。当今影像技术包含种类繁多，除艺术创作及新闻报道外，大致分为医学影像、印刷制版、微缩成像，以及特种照相等科技影像技术。

在影像技术中，按技术的发展历程可以分为传统影像和数字影像。传统影像主要是指银盐胶卷显影形成的图像，是用化学反应方式记录的影像；数字影像又称为数字图像，主要是用物理方式记录的影像。其中，传统摄影技术经历了近180年的发展过程，以胶片作为记录载体再以暗房技术呈现影像。数字影像技术的速度与效率是其最大优点，特别是存储、处理、传输更方便和快捷，提高了摄影的表现力和时效性，同时还可以利用高度模拟的手段将物体更真实地存于人们的思维中。总之，在当今影像技术的发展中，传统影像与数字影像有着一致的思维观念，将传统摄影中的精髓部分融合到数字影像中，是传统摄影技术存在的另一种形式。数字影像输出技术，是以传统摄影技术原理为基准的，而在色彩真实感的表达上，传统摄影仍是最适合的影像输出技术。

随着网络技术、信息技术、数字技术的逐渐兴盛，影像技术也得到了快速发展和广泛应用。例如，卡斯帕·汉森（Kasper Hansen）及亨里克·劳力森（Henrik Lauridsen）这两位来自丹麦奥胡斯大学的科学家，他们在尽可能减少危害鳗鱼、青蛙等动物的前提下，利用全新的内部成像技术进行动物在各种状态下器官活动变化规律的研究，有效避免了传统解剖方法中"主观观点及误导信息"的现象。将数字影像技术应用到刑事摄影中，能够同时将黑暗和高亮的场景表现出来，方便人们获取更多的现场信息。电影拍摄过程中，有的场景是人们通过摄像机记录下来或者自身去现场体验的，而有的细微之处（如人惊恐的表情、植物生长过程等）则是运用数字技术虚拟出来的，通过出色的视觉特效创造了一个不曾存在的影像。所以，影像技术在国内外的各个领域逐渐成为主力军，也成为我们生活中不可或缺的一门技术。同样，影像技术在服装领域中也在不断地发挥着其独特的作用。

1.影像技术在服装设计领域中的应用现状

近年来，影像技术在国内外的服装领域均在持续地完善和发展，无论是在国际秀场上还是在时尚展览中，皆大放异彩。与此同时，也在服装款式的设计中穿插使用。因此，从任何角度都能发现传统影像技术在服装设计中出现的身影。

（1）图片与数字影像。不三不四（ThreeAsFour）2022/2023秋冬高级定制系列在很大程度上受到科技的影响，其在时装中使用3D技术来重新考虑"独特"的定义。这个品牌延续了对分形、几何学、空间和抽象人形的兴趣，善用三维打印技术和特殊的科技材质，借助一系列造型怪诞立体的建筑感作品来点明高科技和未来主义主题，并能很好地适应数字技术，设计团队的审美观无缝地转化为新媒体与服装相结合的呈现形式，科幻感十足。

（2）全息影像技术。带有科技感的全息影像技术以创新精神将数字科技带入时尚圈。2011年，全息影像技术的概念被博柏利（Burberry）品牌植入时尚后，全息影像技术排山倒海般出现在2013年春夏秀场上，温婉的服装色彩在模特身上体现得淋漓尽致。

（3）影像技术与传统工艺。设计师们在服装款式的设计上，也逐渐运用了影像和传统制作工艺相结合的绘制手法。设计师为了能够即时、便利、直观地获取信息，带给客户有如虚拟现实动态穿着效果的感受，纷纷用传统影像绘制技术来绘制服装设计初稿，在绘制过程中可以不断地重复使用服装款式中的设计要点。这也满足了服装设计师不断变化的设计思维和服装最终的感官效果，从而在服装款式、整体风格等方面彰显设计的精髓。

2.影像技术在服装设计中的应用研究

（1）影像技术的跨界研究。将图像打印在布料上的这种技术兴起以后，荷兰、奥地利、日本和美国，由于技术尚不够成熟，一时未能全面推广；国内现阶段也只限于通过纺织品转印技术来完成。在此基础上，将其与170多年前"利用了一个黑暗的屋子的一堵墙上的孔，将外面的景物投射到了平面上"❶的这种传统拍摄照片方式相结合，将会在服装领域开创全新的影像技术模式。

（2）服装面料研究。相纸是最为传统的显影材质。在服装设计中面料就相当于相纸，属于影像技术的根基。选择能够承载影像技术实施的面料就显得极为重要。

依据市场考察以及对面料的特殊要求，材质的选用应具备以下特性。

第一，经纬纱线细密，布面上没有纤维过于稀疏造成的洞眼。

第二，布面平整，带有清晰的粗纹理肌理，纺织过程中由于接线造成的线头疙瘩越少越好。

第三，具有高纯度的面料材质，且纤维含量越高，变形程度越小。

第四，酸碱度适中，在面料生产过程中，会用到各种化学物质加以漂洗等，如果化学物质残留过度，就会导致酸性或碱性过高，会加速药剂在保存过程中的损毁。

第五，色泽自然，在新型面料完成之前会涂刷底料，所以材质本身的颜色不能对显影有较大的影响。在选购过程中，最好不采用过分白或颜色不自然的面料，其很可能是加工过程不规范导致化学试剂使用过度的结果。

（3）工艺流程研究。用现代与传统暗房工艺的流程在面料上"拍摄"独一无二的画面，让人们大为赞叹。首先是将新型面料"曝光"，形成看不到的影像或"潜影"。再于黑暗中将不同的显影药品涂抹于面料上，使其在普通光线下持久显示更真实的影像，去除没有感光的乳剂后，进行清洗和干燥。最后是印相，即将有图案的面料装在立式投影机中，用放大镜头在新型布料上形成影像。

因面料颜色、材质不同的特性，制出的成衣主要有两大区别。浅色面料可按正常工艺流程进行，然而深色面料因有易变色的局限性，在最终印相的

---

❶ 胡兰.服装艺术设计的创新方法研究［M］.北京:中国纺织出版社,2018.

过程中放张可以反复使用的隔离纸，成像后取出即可。

3.影像技术在服装设计中的创新性

在影像技术迅猛发展更新的今天，把传统工艺保留并延续在影像技术的基础上，采用与之前不同的成像载体和新兴的影像技术相结合方式运用在服装领域，将会呈现一个全新的影像视觉效果。

（1）多元化的技术手段。随着保留传统工艺并延续影像手法的技术革新，影像质量等方面都有显著的提升。它解决了制作工艺粗劣、对小批量个性化服装的竞争力不足的问题。同时，满足了人们对服装带有独具一格特性的需求，也可以在质地松软的皮革、无机物或变化多端、成分复杂的有机物上显影。技术的完善对材质有了更多更好的兼容。

（2）新颖的显影材质。一是，新型面料的生产解决了传统影像技术只适用于表层是聚酯纤维及棉质含量极高衣服的问题。这不仅可以对化纤服装进行"拍摄"成像，还可选用亚麻布、涤纶等材质的面料服装。二是，不会出现类似用专用打印机经过高温熨压后颜色会发生变化的情况，如白色会变黄。制作完成后深色面料品质稳定，药剂与纤维完美融合会使图样的色泽与原来相同。三是，增加了布料的通气性和柔软程度，延长了使用寿命。四是，既提高了图案的色彩真实性，又使韧性更强，并富有强烈的层次感，在一定程度上解决了因横向拉扯导致图案出现小细纹的可能性。

（3）完善的工艺流程。市面上常见的纺织品转印技术工艺流程主要按照深、浅色面料分为两大类型，一般采用含有胶质的转印纸或特殊升华材料生产服装。但现代与传统暗房的制作流程大大克服了国内印刷设备缺陷的问题，例如，颜色多了不会化色，细线变粗、漏色等现象均可较大程度地避免。另外，在制作过程中不会出现蓝点、红点等问题，材质本身有纹理也能够有清晰的人物类、风景类等细腻图样出现。

（4）独特的显影效果。照片冲洗后即为固有的影像，而面料上显影效果是随材质的软硬程度或曝光时间长短而变化的。若整件衣服中从衣身到袖口部分的柔软程度逐渐递增，在制作过程中曝光时间也较短，则图样会出现渐变的效果。在定影过程中面料发生平面转动也能达到如幻影般的不清晰图案。或者，可根据市场需求和个人喜好量身定制不同图案效果的新型面料，从而裁剪出各种廓型的个性化服装。

经过以上分析及考量，在传统影像技术基础上的创新是通过进一步对影像技术、面料材质等方面的探索与研究。新型布料的纹理赋予服装的深度和立体感是普通纸张无法实现的。尝试投射影像在布料上经过"曝光"后显影成像，最终根据不同的服装设计手法进一步完善裁剪，这就像一件珍贵的原创艺术品。

传统与数字相结合的影像技术对服装设计的创新有着不容小觑的分量，其全方位地渗透并改变着人们的生活，用不同形态影像设计的服装把时尚信息输送得更为准确和广泛，是未来生活中每个人都能接触的一种服装表达方式，从而影响人们的生活乃至服装发展趋势。

五、面料绿色艺术再造与服装设计

（一）服装设计中的面料造型艺术

1.顺应面料性能进行服装造型设计

面料自身并无绝对的好坏之分，在服装设计中"如何用"比"用什么"更为关键。从面料自身的材质特性出发，选择顺应面料性能的服装造型方法，在服装设计中尤为重要，下面以轻薄柔软型面料、挺括型面料、弹性面料三种不同特性面料为例，进行分析论证。

（1）轻薄柔软型面料。轻薄柔软型面料悬垂性好、成褶能力好，线条柔美飘逸，但此类面料自身成形能力弱。在对此类面料进行服装造型设计时，应取长补短，避免过大体量的廓型设计，充分凸显轻薄柔软型面料的自然飘逸感与线条感。设计师在对此类面料造型时，选择一个或者几个支点，将面料披、挂在人体模特上，使服装产生自然悬垂的褶皱，是凸显此类面料特性的最简洁造型方法之一。

（2）挺括型面料。挺括型面料硬度较高，抗弯曲能力好，可自身成型，且直线造型能力强，造型精准。将此类面料进行折叠时，会产生较深的折痕，折痕不易消除。针对此类面料的自身特性，设计师常常选用折叠的造型手法。

折叠是服装造型中的一种常见的造型手法。将平整的面料进行翻折或叠加，会使平面的空间呈现不同的空间感与层次感。折叠式造型面与面之间保持一定的空间，会使造型品更为立体。这要求面料自身具有一定的支撑能力。柔软的面料过于贴体，且折痕较浅不易稳定，而挺括型的面料能使折叠式造型的层次感与体积感更加丰富。

设计师在对挺括型面料进行造型时，应充分展现其精准造型的能力与抗弯曲性，顺应面料性能，若要使用挺括型面料去营造飘逸、随性之感，则违背了面料的自身特性，容易引起造型效果不佳的情况。

（3）弹性面料。弹性面料伸缩性强，抗弯曲能力较弱，面料多柔软。因此无法进行大体量的服装造型，通常用来制作紧身贴体的服饰。然而服装面料的弹性不仅可以满足在内部结构不收省、不可分割的情况下，使服装紧身贴体，设计师还可以利用面料的弹性，使服装造型效果呈现出丰富多彩的变化。

2.改变面料性能进行服装造型设计

设计师在进行服装造型时，所选用面料的造型性能与美学性能并不会每次都称心如意。在面料性能无法满足造型需求时，设计师可以通过缝纫、镂空等方法对面料进行二次加工，从而改变面料自身的性能，赋予面料新的性能，并辅助面料实现造型。

（二）服装设计中材料的肌理再造

服装材料的再造，是指设计师按照自己的审美或设计的需要，对服装面料经过再加工和再创造，以把现代艺术的抽象空间、夸张变形等艺术概念融入服装材料，为现代服装设计提供更广阔的空间。这样会使过时的东西重新变成时尚的、流行的，服装材料的再造一般是以对面料的创造为主，主要有褶饰、缝饰、编饰三种方式。

1.褶饰

褶饰是利用面料本身的特性，经过人们有意识的加工处理，使面料产生各种形式的褶纹再造方式。面料经过褶饰处理之后，可以改变过去平庸、贫乏的面孔，制作的服装更具有生动感、韵律感和美感。面料褶纹的形式是受外力作用产生的效果，由于面料的受力方向、位置、大小等因素的不同，产生的褶纹也具有不同的状态。这些褶饰既可以用于服装的局部，也可布满全身，都具有别样的风格韵致。较为常见的褶饰形式有叠褶、垂坠褶、波浪褶、抽褶、堆褶等。

2.缝饰

缝饰是以服装面料为主体，在其反面或正面选用某种图案，通过手工或机器的缝合而改变面料表面纹理状态的再造方式。缝饰可以使面料表面形成各种凹凸起伏、柔软细腻、生动活泼的褶皱效果。其纹理具有很强的视觉冲击力，在服装上既可以局部，也可以大面积使用。而且，图案的大小、连续还是交叉、缝线的手法是单一的还是变换，都能使其风格各异，韵味不同。

3.编饰

编饰是将面料折叠或剪成布条或缠绕成绳状之后，通过编织或编结等手段组成新的面料或直接构成复杂的再造方式。

编饰由于对材料的加工方法不同，采用的编结形式不同，因而在服装表面的纹理存在着疏密、宽窄、凹凸、连续、规则与不规则等变化。利用编饰手段加工的面料制作的服装，能够非常轻松地创造特殊形式的质感和极具特色的局部细节。往往给人以稳定中有变化、质朴当中透优雅的视觉感受。编饰的材料也极为广泛，既可选择机织和针织面料，也可选用皮革、塑料、纸张、绳带等。在具体运用方面有绳编、结编、带编、流苏等表现形式。

（三）服装绿色材料的色彩创造

在面料的再造手段中，扎染、蜡染和蓝印花布称为我国的国粹三染。现代扎染则通过规范和设计，将"国粹三染"独特的纺染活动方式与现代染整科技交叉整合，并组织成工业化的生产形态，每件成衣均需经过训练有素的"艺人"制作和先进的科技手段加工。这种由传统"女红"和"画师"们运用多种工艺技法激情原创产生的特殊工艺之美，是对传统三大染色工艺的秉承、扬弃和拓展，又为现代印染工业设备所无法企及，具有以下几个显明的原创技术特征。

1.自由设计成衣染色图形

与传统扎染工艺不同，作为"艺术染整"核心工艺的现代扎染，在绿色环保、染色牢度标准、染色生产工艺流程及其控制方面均具有现代染整生产的特征。因而能适应经济全球化对服装产业的要求。现代扎染在面料和服装染色图形的创意设计方面，因无须工业化印染制板的特点，工艺自由，极具效率。根据市场流行导向和设计意图，现代扎染工艺可以在较短的时间内完成大量实际方案提交给买家优选确认，下单后即迅速投产并能衍生出多种配色方案和图案花型，形成多品种、小批量的系列优势。尤其是成衣染色工艺的图形创造，其原创性质似乎是"艺术染整"的专利。在设计题材选择、创作灵感溯源和东西方文化意蕴的传达方面，现代扎染工艺不拘成法的技术表现与现代平面构成理念融合形式的发散式思维，极大地开阔了设计师图形创造的视野；对东西方文化意境形式的理解和对流行艺术的感悟，是图形创造灵感的不竭之源泉，艺术染整的这些工艺性，对于激发设计师来说，有着海阔凭鱼跃、天高任鸟飞般的创意自由。

2.即兴创意

三维肌理感由日本国际著名时装设计大师三宅一生（Issey Miyake）创意"给我褶裥"，打破了高级成衣平整光洁的传统定势。他根据不同的目的，设计了简便、轻质、易保养、免烫的三种褶裥，SPLASHTWIST 和 PLEATPLEASE 两种面料，倍受人们的追捧，掀起一场前所未有的流行革命。追随欧美时尚流行，不断创新工艺引导市场，是"艺术染整"的重要课题。我国现代设计人员历经多年探索，在工艺实验和理论研究方面取得了国内外领先的阶段性成果；在对产业流程优化、面料应用研究方面，都超越了"一生褶"的范畴。在三维肌理创造方面，尝试多种皱褶工艺突破三维模式的同时，更强调与平面扎染及其他相关工艺的嫁接，通过自主开发核心技术，以适应不断变化着的国际市场对面料和服装的要求。

第二章 数字化服装设计概念与发展

21世纪，数字化技术广泛应用于服装、广告、影视、动画等行业。数字化技术的应用给传统的设计方法注入了新的理念，将想象通过计算机变为现实，将看似毫无关联的内容结合起来，产生新的构思和创意。数字化技术的进步，使服装产业的机械化和自动化程度也随之提高，给服装设计师带来了巨大的灵感和创造力。

服装工业与服饰文化的演变是伴随人类文明的进步而发展的。从20世纪80年代起，随着计算机技术的日益发达，服装行业开始进入服装高新技术和信息技术的变革时代。服装数字化技术涵盖了整个服装生产的过程，包括服装设计、样板制作、推板、成衣信息管理、流程控制、电子商务等各个方面。

第一节 数字化服装设计的概念

数字化服装设计是依托互联网信息技术，通过对网络上大量数字信息的整合、管理以及应用，采取相应措施整合服装企业的资源配置和款式设计风格等，以此来实现服装企业利润的最大化，为整个服装行业的发展方向提供全方位的保障。简单来说，服装数字化技术就是虚拟服装，也就是使用数字技术来处理服装。根据目前数字服装技术的发展水平，依据其基本性能，可用于三维测量显示技术、三维模拟二维技术、图案颜色分解技术、平面图形处理技术、数据管理技术、驱动执行器的电流控制以及传递网络信息的技术。

一、数字化服装成衣设计

（一）数字化服装款式设计

数字化技术广泛应用于服装设计与生产中，它给传统的服装设计注入了新的活力。数字化服装设计是融计算机图形学、服装设计学、数据库、网络通信等知识于一体的高新技术。

从广义的角度看，服装设计包括从服装设计师构思款式图开始到服装生产前的整个过程，基本上可以分为款式设计、结构设计、工艺设计三个部分。数字化服装设计技术主要指利用服装CAD（计算机辅助设计）和服装VSD（可视缝合设计）技术来进行服装设计。数字化服装设计目前已经应用到服装设计的整个过程。

数字化服装设计是利用计算机和相关软件进行服装设计、生产的过程。随着信息化时代的来临，服装专业教学和生产都在广泛开展数字化设计及其应用，其提高了服装企业的生产效率和服装产品的质量，"提升了服装企业的科技含量和品牌文化含量"❶，这是我国服装行业发展的必然趋势。为了适应这种形势，服装专业的教学内容和手段都应做出相应调整。

1.服装面料的数字化设计

数字化技术在服装三维软件的特效菜单中为人们提供了丰富的创作方法。独特的艺术处理，能奇妙地改变图像的效果，成为服装创作中不可或缺的表现手段，特别是在进行面料设计时，可以用不同的材料相互衬托、互相对比，利用图像花纹，可生成相对逼真的效果，使服装造型与图像花纹巧妙结合，产生丰富的变化，对画面能起到特殊的烘托效果，使很复杂的服装面料可以瞬间表现出来。例如，可以充分运用Adobe Photoshop和Painter中的画笔工具、图案生成器、滤镜等功能来实现。

2.服装色彩的数字化设计

计算机上色比手绘方便快捷得多，可任意调配选用各种颜色。它提供了RGB、CMYK、HSB、LAB等多种色彩模式（RGB是最基础的色彩模式，CMYK是一种颜色反光印刷减色模式，HSB是视觉角度定义的颜色模式，RGB模式是一种发光屏幕的加色模式），并可进行色彩转换，通常采用的是RGB色彩模式。如需印刷并将图像输出最佳效果，则转换成CMYK，或一开始就使用CMYK色彩模式。通过数据的设置可以精确地控制色彩变化关系，还可以将自己喜欢的颜色和色调进行保存，按照色相、明度、纯度进行任意排列，提高设计的效率。

---

❶ 汪小林.远湖VSD数字化服装［M］.北京:中国纺织出版社有限公司,2019.

3.服装款式的数字化设计

高科技的运用，使服装款式搭配变得轻而易举。可通过软件中的变形工具进行整体的拉长、放大、缩小，使夸张、变形的时装人物产生艺术效果。在画款式效果图时，主要应用CorelDRAW中的路径、标尺和文字等工具画出其款式图和结构图，以便更详细地表现款式的前、后结构，为工艺制作提供明确的参数。

随着版本的不断升级，软件的功能越来越强大，每个软件都有自己的特性和功能，在制作时可根据设计要求相互转化，针对不同特点，大胆尝试和创新，掌握各种软件不同的变化规律并综合运用。例如，要表现一张完整的服装设计图，可以先用Adobe Photoshop通过现有的图片或速写资料进行扫描，然后在Painter中绘制服装并进行设计，再导入Adobe Photoshop中编辑、调整、加特效，最后在CorelDRAW中完成裁剪图和结构图的绘制，由此形成一套完整的服装制作示意图。

我们对数字化技术的认识与了解需要不断地探索和创新，通过款式、面料、色彩与软件的紧密结合丰富设计。能否熟练地掌握数字化技术只是个时间的问题，但能否使用这项技术创造出优秀的服装作品，就需要多方面能力的培养与提高。只有通过学习，不断提高自身综合艺术修养，才能使数字化技术更好地为我们服务。

（二）数字化服装样板设计

20世纪70年代，亚洲纺织服装产品冲击西方市场，西方国家的纺织服装工业为了摆脱危机，在计算机技术的高度发展下，促进了服装CAD的研制和开发。作为现代化高科技设计工具的CAD技术，便是计算机技术与传统的服装制作相结合的产物。对于服装产业来说，服装CAD的应用已经成为历史性变革的标志，同时也使传统产业追随先进的生产力而发展。服装CAD利用人机交互的手段，充分利用计算机的图形学、数据库，使计算机的高新技术与设计师的完美构思、创新能力、经验知识完美组合，从而降低了生产成本、减少了工作负荷、提高了设计质量，大大缩短了服装从设计到投产的时间。

随着计算机技术的发展以及人民生活水平的提高，消费者对服装品位的追求发生显著的变化，促使服装生产向着小批量、多品种、高质量、短周期的方向发展。这就要求服装企业必须使用现代化的高科技手段，加快产品的开发速度，提高快速反应能力。服装CAD技术是计算机技术与服装工业结合的产物，它是服装企业提高工作效率、增强创新能力和市场竞争力的一个有效工具。目前，服装CAD系统的应用日益普及。

服装CAD系统主要包括两大模块，即服装设计模块和辅助生产模块。其中，服装设计模块可分为面料设计、服装设计；辅助生产模块可分为面料生产、服装生产（服装制板、推板、排料、裁剪等）。

1.计算机辅助设计系统

所有从事面料设计与开发的人员都可以借助CAD系统，高效、快速地展示效果图与色彩的搭配和组合。设计师不仅可以借助CAD系统充分发挥自己的创造才能，还可以借助CAD系统做一些费时的重复性工作。面料设计CAD系统具有强大而丰富的功能，设计师利用它可以创作出从抽象到写实效果的各种类型的图形，并配以富有想象力的处理手法。

服装设计师使用CAD系统，借助其强大的立体贴图功能，可以完成比较耗时的修改色彩及修改面料之类的工作。这一功能可用于表现同一款式、不同面料的外观效果上。实现上述功能，操作人员首先要在照片上勾画出服装的轮廓线，然后利用设计软件工具设计网格，使其适合服装的每一部分。在所有服装生产中，比较耗资的工序是服装款式造型设计。服装企业经常要以各种颜色的面料组合来表现设计作品，如果没有CAD系统，在对面料原始图案进行变化时就要进行许多重复性的工作。借助立体贴图功能，二维的各种织物图像就可以在照片上展示出来，从而节省了大量的时间。此外，许多CAD系统还可以将织物变形后覆盖在照片中模特的身上，以展示成品服装的穿着效果。服装企业可以在样品生产出来之前，采用这一方法向客户展示设计作品。

2.计算机辅助生产系统

在服装生产方面，CAD系统可应用于服装的制板、推板和排料等工序。在制板方面，服装纸样设计师借助CAD系统完成一些耗时的工作，如样板拼接、褶裥设计、省道转移、褶裥变化等。同时，许多CAD/CAM系统还可以测量缝合部位的尺寸，从而检验两片衣片是否可以正确地缝合在一起。生产企业通常用绘图机将纸样打印出来，该纸样可以用来指导裁剪。如果排料符合用户要求，接下来便可指导批量服装的裁剪。CAD系统除具有样板设计功能外，还可根据推板规则进行推板，推板规则通常由一个尺寸表来定义，并存储在推板规则库中。利用CAD/CAM系统进行推板和排料所需要的时间只占手工完成所需时间的很小一部分，极大地提高了服装企业的生产效率。

大多数生产企业都保存有许多原型样板，这些原型样板是所有样板变化的基础。这些样板通常先描绘在纸上，再根据服装款式加以变化，而且很少需要进行大的变化，因为大多数的服装款式都是比较保守的。只有当非常合体的款式变化成十分宽松的式样时才需要推出新的样板。在大多数服装企业中，服装样板的设计是在平面上进行的，做出样衣后通过模特试衣来决定样板的正确与否（通过从合体性和造型两个方面进行评价）。

3.服装CAD服装制板工艺流程

服装样板设计师的技术在于将二维平面上裁剪的衣片包覆在三维的人体上。目前世界上主要有两类样板设计方法：一是在平面上进行打板和样板的变化，以形成三维立体的服装造型；二是将面料披挂在人台或人体上进行立体裁剪，许多顶级的服装设计师常用此法，直接将面料披挂在人台上，用大头针固定，然后按照自己的设计构思进行裁剪和塑型。对于设计师来说，样板是随着自己的设计思想而变化的，将面料从人台上取下并在纸上描绘出来就可得到最终的服装样板。

国际上第一套应用于服装领域的CAD/CAM系统主要用来推板和排料，几乎系统的所有功能都适用于平面样板的设计，所以它是工作在二维系统上。当然，也有人试图设计以三维方式工作的系统，但现在还不够成熟，还不足以指导设计与生产。目前来看，三维服装样板设计系统的开发时间会很长，三维方式打板也会相当复杂。

（1）样板输入（也称开样或读图）。服装样板的输入方式主要有两种：一是利用CAD软件直接在屏幕上制板；二是借助数字化仪器将样板输入CAD系统。第二种方法十分简单，用户首先将样板固定在读图板上，利用游标将样板的关键点读入计算机，通过按游标的特定按钮，通知系统输入的点是直线点、曲线点还是剪口点。通过这一过程输入样板并标明样板上的布纹方向和其他一些相关信息。有一些CAD系统并不要求这种严格定义的样板输入方法，用户可以使用光笔而不是游标，利用普通的绘图工具（如直尺、曲线板等）在一张白纸上绘制样板，数字化仪读取笔的移动信息，将其转换为样板信息，并且在屏幕上显示出来。目前，一些CAD系统还提供自动制板功能，用户只需输入样板的有关数据，系统就会根据制板规则产生所要的样板。这些制板规则可以由服装企业自己建立，但它们需要具有一定的计算机程序设计技术才能使用这些规则和要领。

一套完整的服装样板输入 CAD 系统后，用户还可以随时使用这些样板，所有系统几乎都能够完成样板变化的功能，如样板的加长、缩短、分割、合并、添加褶裥、省道转移等。

（2）推板（又称放码）。计算机推板的最大特点是速度快、精确度高。手工推板包括移点、描板、检查等步骤，这需要娴熟的技艺。因为缝接部位的合理配合对成品服装的外观起着决定性的作用，即使是曲线形状的细小变化也会给造型带来不良的影响。虽然 CAD/CAM 系统不能发现造型方面的问题，但它却可以在瞬间完成网状样片，并提供检查缝合部位长度及进行修改的工具。

用户在基础板上标出推板点，CAD 系统则会根据每个推板点各自的推板规则生产全部号型的样板，并根据基础板的形状绘出网状样片。用户可以对每一号型的样板进行尺寸检查，推板规则也可以反复修改，使服装穿着更加合体。从概念上讲，这虽然是一个十分简单的过程，但具备三维人体知识并了解其与二维平面样板的关系是使用计算机进行推板的先决条件。

（3）排料（又称排唛架）。服装 CAD 排料一般采用人机交换排料和计算机自动排料两种方法。排料对任何一家服装企业来说都非常重要，因为它关系到生产成本的高低。只有在排料完成后，才能开始裁剪和加工。在排料过程中有一个问题值得考虑，即可以用于排料的时间与可以接受的排料率之间的关系。使用 CAD 系统的最大好处就是可以随时监测面料的用量，用户还可以在屏幕上看到所排样板的全部信息，再也不必在纸上以手工方式描出所有的样板，仅此一项就可以节省大量的时间。许多系统都提供自动排料功能，这使得设计师可以很快估算出一件服装的面料用量，面料用量是服装加工初期成本的一部分。服装设计师经常会在对服装外观影响最小的前提下，对服装样板做适当的修改和调整，以减少面料的用量。裙子就是一个很好的例子，三片裙在排料时就比两片裙紧凑，从而提高面料的使用率。

无论服装企业是否拥有自动裁床，排料过程都需要很多技术和经验。我们可以尝试多次自动排料，但排料结果绝不会超过排料专家。计算机系统成功的关键在于，它可以使用户试验样板不同的排列方式，并记录下各阶段的排料结果，通过多次尝试可以很快得出可接受的材料利用率，这一过程通常在一台计算机终端上就可以完成，与纯手工相比，它占用的工作空间很小，需要的时间也很短。

由于计算机自身的特点和优势，利用服装CAD技术来完成服装样板的绘制并进行推板、排料是相对准确的，可以提高工作效率，降低生产成本。

二、数字化服装生产管理

数字化服装生产管理和营销系统是集先进的服装生产技术、数字化技术、先进管理技术于一体的服装生产管理、营销管理模式。它借助计算机网络技术、信息技术、自动化技术，以系统化的管理整合服装企业生产流程、人力物力、数据、资源等。

（一）服装ERP

ERP全称是Enterprise Resource Planning，即企业资源计划系统。服装ERP是针对服装生产企业采用全新开发理念完成的管理信息系统，通过将制单、用料分析、生产、工价、计件统计、生产计划、人力资源、考勤、仓库、采购、出货、应收、应付、成本分析等环节的数据进行统一的信息处理，使系统形成一个完整、高效的管理平台。服装ERP可以为服装企业提供产品生命周期管理、供应链及生产制造管理、分销与零售管理、电子商务、集团财务管理、协同管理、战略人力资源管理、战略决策管理与IT整合解决方案，帮助服装企业提升品牌价值，获取敏捷的应变能力，实现持续快速增长。

（二）服装RFID

RFID全称是Radio Frequency Identification，即射频识别系统，又称电子标签、射频识别、感应式电子晶片、近接卡、感应卡、非接触卡、电子条码。服装行业里称为"电子档"。服装RFID信息管理系统是运用无线射频识别技术，通过实时采集工人生产信息及工作效能，为工厂提供一套完整的解决问题的方案，帮助管理者从系统平台获取实时生产数据，使之随时随地了解生产进度、员工表现、车位状态等在制品数量等方面的综合信息。同时，电子标签为管理人员、公司高层与车间一线工人建立了一个连接渠道，每个工人的生产进度可以直接反馈给管理人，使之实时统计工人计件工资，评估工人表现，从不同角度分析多种数据，以便管理者做出客观决策，挖掘更有意义的数据，从而提高服装企业的生产效率和管理决策能力。

（三）服装ERP和RFID的优点

1.准确实时采集生产数据

生产数据的实时反馈是保证生产运营畅通的基础。系统在生产车间采集实时生产数据，是工人在生产过程中通过插拔卡或刷卡的方式来实现的，RFID阅读器读出RFID卡中所带有的特定信息并实时反馈到系统中，服务器5s更新一次数据。这种操作方式能够使系统提供实时的生产数据，便于进行数据采集和分析。

2.提升生产力

生产车间实时生产数据反馈到系统，通过系统监控可以实时发现阻碍生产流水线畅通的原因，及时找到生产瓶颈所在。系统通过实时数据归集对每个车间、每个组、每个车位及工人的生产情况进行实时监控，从而发现生产环节出现的非正常状态，并及时解决阻碍生产流水的瓶颈，从整体上保障流水线的畅通，提高生产力。

3.实时监控生产线员工的工作状态

系统能够实时监控生产线工人的状态，通过对员工在每台车位的不同状态的观察，从而实现工厂整体的透明化管理，提高工厂管理效率。管理企业可以通过匹配有效的绩效考核体系、先进评比等策略方式调动员工的积极性，使整体产量得到提升。系统本身提供观察的状态可以自定义，通常有不在位、工作中、闲置、维修中等状态显示，便于管理者及时调配人手和统计有效生产时间。

4.实时跟踪订单进度

订单不能及时交货意味着企业不但不能盈利反而会亏损，同时也影响企业的信誉度，对企业将来的发展有很大的影响和阻碍。特别是出口企业对于订单的及时交付尤为重要，系统根据客户订单，从裁剪开始到后道结束对整个生产流程进行实时进度跟踪。比如，订单在生产线的进度；整个订单何时开始裁剪、现在已经裁了多少；何时到达车缝工序、车缝工序部分完成了多少；何时到达后道工序、后道工序完成多少；最终成品多少。管理者从整个订单的进度入手，更为细致地了解每个订单的款式、颜色、尺码的完成数量，从而精确地掌握每个订单的生产进度，达到及时交货的目的。

5.严格管控质量

质量是生产企业永续经营的基石，也是企业面对客户的品牌保证，其最高目标就是要达到质量问题的退货率为零。在既要抓产量又要抓质量的情况下，企业不得不放弃其中的一项，而在系统严格的质量管理情况下，把责任追踪到个人身上，把"有质量问题的产品是在什么时间做的？哪个订单的什么颜色？什么尺码的产品？"一一记录在案，在提升产量的同时又抓了质量工作，降低了返修率，同时提高了生产力。

6.快速统计产量和计件薪资

传统的产量统计和工人计件薪资的核算都要耗费大量的人工和时间，数据的滞后性、失真都会造成不良后果。然而在系统全面使用后，通过系统来统计工人的产量及计件薪资，可以代替原有的人工统计方式，提高生产数据的统计效率和数据的准确性。系统可以提供实时的工人真实的产量统计和实时的薪资报表，便于薪资核算，提高公司生产运营的效率。

7.RFID裁剪卡全面取代原有的裁剪牌

RFID裁剪卡全面使用后，可以全部取代传统方式的裁剪牌。查看裁剪卡的流转方式能够清楚地查看每扎裁片的流向，以及每扎裁片现在所处的具体位置，一旦裁剪卡或者裁片流失，系统会根据裁剪开卡时的数量进行对比，查看裁剪卡最后一次出现的具体位置，从而更加严格地对生产过程进行管控，真正意义上实现精细化生产管理。

（四）服装JIT

JIT全称是Just In Time，就是服装精益生产方式管理系统，中文意为"只在需要的时候，按需要的量生产所需要的产品"。因此，有些管理专家也称此生产方式为：JIT生产方式、准时制生产方式、适时生产方式。与传统的大批量生产相比，精益生产只需一半的人员、一半的生产场地、一半的投资、一半的生产周期、一半的产品开发时间，就能生产品质更高、种类更多的产品。服装JIT是一种生产管理技术，又是一种管理理念和管理文化，它能够大幅减少闲置时间、作业切换时间，大幅提高工作效率。同时，可以避免库存积压、消除浪费、保证品质。它是继大批量生产之后，对人类社会和人们生活方式影响巨大的一种生产方式。

在实际生产过程中，要增加有价值作业、减少无价值作业、废除无用工。生产技术的改善只是在短期内明显地看到成效，带来的也只是短暂的成功。而管理技术的改善，则必须让管理层和员工明确JIT生产管理系统的原则，发挥互助精神，积极参与改善工作，循序渐进，分阶段取得成效，空间利用率可以提高20%以上。也就是说，原来可以放置200台缝制设备的车间，按JIT方式，可以放置240台设备。JIT可实现简单款式2h内出成品，复杂款式5h内出成品，生产过程中的质量问题可在投产初期得到完全控制。缝制车间不再堆积大量半成品，后整理车间更没有堆积如山的待整理成品。车间的卫生环境也得到了有效改观，消除安全隐患。

三、数字化服装营销

成本上涨之后，很多服装企业都在调整自己的渠道分销模式，由原来的加盟代理转为直营。在庞大的直营体系中，有进货量由谁来确定，库存量怎样安排，如何面对庞大的生产规模、供货系统、专业采购系统、物流分销管理系统等问题，数字化营销在这时候显得尤为重要。当下服装行业竞争相当激烈，同时资讯科技日新月异，现代企业必须拥有特色的营销模式、正确的资讯观念、科学的管理方法、先进的技术手段和畅通的信息渠道，才能在市场经济大潮中立于不败之地。

随着服装竞争速度的加快，很多人都发现，现在商品上市速度越来越快，这是新的管理技术对传统市场营销提出的挑战。因为有周期概念，所以企业在管理当中会加上生命周期，企业要积极利用一些现代管理信息技术、网络技术向数字化管理转变，现在很多品牌商认为服装商品都没有保质期，只要能卖就一直卖下去。但随着企业规模市场发展得越来越大，一个非常微小的偏差就会带来非常巨大的损失，这是因为企业没有为自己设计标准。

在现代服装企业营销管理中，主要依靠信息中心和财务数据，商品管理营销也可以是具体、可执行的方案，有自己的标准而不是用文字描述；商品的企划要满足企业的战略、企业利润，把这些相关信息合并到商品企划当中传递给设计部；设计部结合流行趋势，将品牌特点转化为产品信号；采购人员结合产品企划、结合营销规划，实施产品订单，让销售进度、物流、调配、促销等全部都在计划当中完成的，数字化管理将是服装企业非常重要的发展方向。

　　随着全球经济一体化进程的逐步加深，我国服装企业尽快提升信息化水平的需求越来越迫切。服装产品更新换代速度加快及消费者对服装款式多样化、个性化的需求增加，促使服装产品向多品种、少批量、个性定制的生产模式转变。为了适应这一产业变化，服装企业必须借助先进的计算机信息技术，如供应链管理、客户关系管理、电子商务平台等，实现企业内部资源的共享和协同，改进企业经营过程中的不合理因素，促使各业务流程无缝对接，从而提升企业管理效率和竞争力。

第二节　数字化服装产业发展现状

　　当前贸易的全球化发展使全世界服装生产和供应企业都处在同一产业链中竞争。对信息的收集、交流、反应和决策的应对将成为企业竞争能力强弱的关键因素。在这信息化迅猛发展的时代，我国服装企业的信息化建设已成为企业的当务之急。数字化服装产业以数字化信息为基础平台，以计算机技术和网络技术为依托，通过对服装设计、生产管理、销售等环节中信息的收集、整合、应用，最终实现服装企业资源的最优化配置。服装产业是我国传统劳动密集型产业，生产管理仍沿用传统管理模式。从事服装行业的员工普遍文化水平偏低，习惯于人工操作及经验管理方式，对先进的技术和管理有抵触心理。我国生产型服装企业将面临以下严峻的挑战。

　　（1）利润率持续降低。

　　（2）订单交货期已缩短为10~30天。

　　（3）多品种、小批量生产的趋势日益明显。

　　（4）客户对产品的质量、质量的稳定性及交货率要求越来越高。

　　（5）原材料成本以及生产成本增高。

　　（6）原辅材料质量以及工艺水平和质量标准越来越高。

　　（7）随着配额的取消，全球化的竞争趋势越来越明显。

　　（8）劳动力成本增高。

　　许多服装企业仍然存在着企业管理制度流于形式，凭借经验和记忆进行生产管理，执行力度极差。企业一直在如何加强规范管理、降低管理成本、降低管理人员频繁流动所造成的损失方面费尽心机。现代的企业管理应该是数字化、规范化、标准化的管理模式，生产管理情况用数字说明。实行数字化管理不仅能够提高管理效率，而且能够更客观地考核员工生产业绩。但是数字含水量高的现象又是企业通病，要真正做到减少工作量、减少重复的工作，杜绝中间环节人为操作而造成的虚报、瞒报现象，就必须有一套完整的、智能的综合管理系统进行生产管理、统计数字及数字统计分析，把数据及生产管理情况直观地呈现给管理者，及时为管理者做决策提供依据。

随着全球经济一体化的发展，服装产业将面对全球市场化，国内劳动力成本上涨，品牌效应进一步加强。时尚流行和中西方文化的差异日益明显。服装企业在经过了产品产量、产品质量、生产成本的竞争之后，对市场反应能力的快慢已经成为评价企业竞争力的标准。对市场快速反应的能力，核心就是数字化和信息化。服装产业利用数字化和信息化先进的生产力，在服装产品形成的各个环节进行技术创新，及时运用流行趋势，提高品牌价值、提高产品质量、提高生产效率、提升对市场反应的速度，确保在市场竞争中占有绝对优势。采用服装计算机集成制造系统（CIMS）可以改变服装企业的设计方式、制造方式、营销方式，集服装可视缝合设计技术（VSD）、服装计算机辅助设计（CAD）、产品数据管理系统（PDM）、计算机辅助工艺设计（CAPP）、计算机辅助制造（CAM）、企业资源计划（ERP）和企业管理、网络营销为一体，实现快速反应。服装品牌和技术创新核心就在于服装企业对数字化和信息化进程的理解和把握。

一、数字化技术在我国服装产业的应用现状

近年来，我国服装产业在技术创新和数字化信息技术方面有了很大的发展，但总体上讲，我国服装企业数字化信息技术建设还处于初级阶段。

制约我国服装产业数字化信息应用发展的主要因素有以下几个方面。

（1）缺乏具有服装专业知识的数字化和信息化人才。

（2）信息化软件系统缺乏对不同层次服装企业的个性化服务。

（3）服装企业运作模式和信息化需求与信息化软件不匹配。

（4）政府保护正版软件权益力度不足。

（5）服装企业的基础素质制约了数字化和信息化发展。

（6）服装教育没有按照服装企业用人需求培养所需的专业人才。

（7）三维数字化服装设计技术滞后。

（8）数字化和信息化软件缺乏行业监管和行业自律。

（9）软件专业化程度低、性价比低。

（10）服装企业决策层对服装数字化和信息化建设认识不够。

（一）数字化技术在服装设计和生产中的应用

1.服装款式设计

据不完全统计，目前沿海发达地区的服装企业70%采用CorelDRAW、Photoshop、illustrator等平面设计软件进行服装款式设计。这些二维平面设计软件能够进行图纸设计、辅助线设置；能够进行定位，绘制制图线条，进行任何直线、曲线的变形；能够进行数据标注，因而可以用来进行数字化服装制图，推进服装教学的数字化进程。由于显著的应用广泛性和经济性，故能够最大限度地在大部分中小服装企业推广应用，开辟服装款式制图数字化的新途径。

2.服装样板设计、推板、排料

我国约有服装生产企业6万家，而使用服装CAD的企业为5万余家，也就是说我国服装CAD的市场普及率在83%左右❶。甚至有专家认为，由于我国服装企业两极分化较严重，有的企业可能拥有数套服装CAD系统，有的企业则可能从来没有过，所以真正使用服装CAD系统的企业数量可能比这个数据更少。

目前，约有二十家服装CAD供应商活跃在中国服装CAD市场，而在中国5万余家使用服装CAD的企业中，国产服装CAD已经占了近80%的市场份额。服装CAD充分利用计算机的图形学、数据库、网络的高新技术与设计师的完美构思、创新能力、经验知识完美组合，降低了生产成本，减少工作负荷，提高设计质量，大大缩短服装从设计到投产的过程。越来越多的服装企业采用CAD系统来完成样板设计、推板、排料等工作。

3.数字化服装试衣

随着我国计算机技术和社会经济的发展，人们对服装的质量、合体性、个性化的要求越来越高，现有的二维服装CAD技术已经不能满足纺织服装产

---

❶ 汪小林.远湖VSD数字化服装［M］.北京:中国纺织出版社有限公司,2019.

业的应用要求，服装CAD迫切需要由目前的平面设计发展到立体三维设计。因此，近年来国内外均在三维服装VSD、虚拟仿真服装设计等方面开展理论研究和实践应用。

服装VSD三维试衣系统的开发和应用比较滞后，这是因为服装不像机械、电子行业等固态产品，服装的材料质地是柔性的，会随着外界条件而发生改变，因此模拟难度很大，特别是服装VSD要实现从二维到三维的转化，需要解决织物质感和动感的表现、三维重建、逼真灵活的曲面造型等技术问题。另外，还有从三维服装设计模型转换生成二维平面裁剪图的技术问题。这些问题导致三维服装VSD的开发周期较长、技术难度较大。

服装VSD区别于二维CAD的地方在于：它是在通过三维人体测量建立起的人体数据模型的基础上，对模型的交互式三维立体设计，再生成二维的服装样板，主要解决人体三维尺寸模型的建立及局部修改、三维服装原型设计、三维服装面料覆盖及色彩浓淡处理、三维服装效果显示，特别是动态显示和三维服装与二维样板的可逆转换等。

服装VSD的基础是三维人体测量。目前三维人体测量系统在国外已经商品化，其技术已经较为成熟，其中法、美、日等国利用自然光光栅原理，分别用时40ms、10s、1.8s，即可完成三维人体数据的测量。国际上常用的三维人体测量技术一般都是非接触式的，通过光敏设备捕捉投射到人体表面的光在人体上形成的图像，然后通过计算机图像处理来描述人体的三维特征。三维人体测量系统具有测量时间短、获取数据量大等，多种优于传统测量技术的特点。

服装的批量生产所依据的服装号型不能准确反映人群的体型特征，目前国内外都在进行各类人群人体数据库的建立。通过有针对性地对大量不同肤色、不同地区、不同年龄、不同身高的人群进行三维人体测量，收集人体的各项体型尺寸数据，建立数据库，为制订服装规格、号型提供基础数据。

三维人体测量通过获取的关键人体几何参数数据，生成虚拟的三维人体，建立静态和动态的人体模型，形成一整套具有虚拟人体显示和动态模拟功能的系统。服装VSD在此基础上生成服装面料的立体效果，在屏幕上逼真地显示穿着效果的三维彩色图像及将立体设计近似地展开为平面样板。

服装VSD基础上的三维设计逐渐向智能化、物性分析、动态仿真方向发展，参数化设计向变量化和超变量化方向发展；三维线框造型、曲面造型及实体造型向特征造型及语义特征造型等方向发展；组件开发技术的研究应用，还为CAD系统的开放性及功能自由拼装的实现提供了基础。将三维服装设计模型转换生成二维平面样板，牵涉到把复杂的空间曲面展开为平面的技术，这是服装材料的柔性、平面性所决定的需求，也是服装VSD的难点。国内外学者做了多项研究工作，得到了复杂曲面展开的多种方法，其中许多方法也已应用在实践中。

目前，我国只有部分大型服装企业和一些服装院校使用服装VSD进行三维试衣开发与研究。

4.自动化辅助生产系统

服装生产属于劳动密集型生产，而生产过程是流水式作业。从面料开始到裁剪、打样、车缝、整烫等，每个岗位都需要很多工人来作业，尤其是车缝部门，每台缝纫机或其他设备都由一个工人来完成一道工序，比如，车缝前片、后片、袖子等。如何对生产过程进行控制、提高生产质量，是每个服装企业面临的问题。为此，一些大型女装、男装企业开始利用自动拉布机、自动裁床、自动开袋机、自动绱袖机、自动整烫设备、吊挂生产系统等先进的设备进行自动流水线生产。服装自动流水线系统按控制方法可分为机械控制和计算机控制，现代生产中多采用后者。每个工位按照生产节拍进行规定工序的缝制加工，所以一个工位是组成系统的基本单元。如整个服装吊挂系统的生产、管理由计算机控制，管理人员通过计算机上参数的设定，实现衣片按工位传送和各工位间的实时调节与控制。正因如此，系统的计算机控制将各工位自动化缝制的流程、缝制工段到整烫工段的流程、整烫工段各工位的流程、整烫工段到服装成品物流配送的流程都进行信息的直接联结，所以服装吊挂系统是服装企业实现信息化制造不可缺少的设备，没有它，企业信息化就没有了通道。

（二）数字化技术在服装营销中的应用现状

服装ERP是服装数字化营销管理的一个最有效工具。但由于服装行业具有不同于机械制造行业的特点，其体系结构是建立在服装产品本身的生产与市场的发展规律基础上的，同时，其不同的细分行业在生产流程、技术上也存在很大的差异。不同企业的生产制造环节各不相同，而且，企业在生产经营管理过程中面临的问题多种多样，解决不同环节难题的迫切程度也存在很大差距。正是由于上述原因，不同企业由于厂情差异大、生产的个性化特点强等现实因素，应用服装ERP必须创造性地构建符合本企业实际的特色ERP体系，明确企业信息化需求，因地制宜，坚持适"度"而行，"整体规划，分步实施"。认为服装ERP特色化、本土化应用就要放弃服装ERP先进的管理思想，绝对是认识上的误区。恰恰相反，服装ERP首先是一种企业管理的理念、原理和方法，这一点是企业应用服装ERP首先要认识到的。服装ERP应用软件是集成了服装ERP的核心理念、原理和方法，以及先进企业管理实践的支持企业运营的工具。对服装ERP的基本管理理念、原理和方法的认识深浅，直接影响服装ERP在企业管理实践中的应用效果。

二、数字化服装产业的发展现状

数字化和信息化是推动我国服装产业结构调整和实现技术升级的最有效工具，同时，是传统服装产业的生产过程实现集成化、快速反应是数字化服装的发展趋势和目标。

（一）服装VSD商业化应用

服装VSD是以人体测量为基础，利用数字化虚拟仿真技术，通过人体扫描仪精准地获取全部尺寸及三维人体曲面形态，基于形状分析的几何计算方法对三维人体进行自动测量，得到设计和加工定制服装所需的尺寸，再通过服装VSD系统绘制二维服装样板，然后将二维服装样板进行三维虚拟试衣，使用户在服装生产前即可获得其外观形态、款式色彩等信息，同时，对板型不合理的地方，可以通过服装VSD系统进行二维样板与三维虚拟成衣同步联动修改。

服装VSD系统在国内已经有十多年的研究和应用历史。国内的李宁、九牧王、七匹狼、特步、欧迪雅女装等服装企业通过使用远湖服装VSD系统，大大缩短了产品设计开发时间。更值得一提的是，可以通过网络举行新产品订货会，不必等到成衣订货会才让客户看到样衣。[1]可以直接通过服装VSD系统将三维虚拟成衣通过电子邮件发给客户。服装VSD为网上传输定制和计算机集成制造提供技术支撑，将带动整个服装产业技术升级。

---

[1] 汪小林.远湖VSD数字化服装［M］.北京：中国纺织出版社,2019.

（二）网络数字化服装技术的发展应用

基于服装 VSD 技术的发展和服装网络辅助设计系统技术（Net Aided Design，NAD）的发展，人们还可以进入网络虚拟空间选购时装，进行任意挑选、搭配、试穿，达到最终理想的效果。

服装企业可以根据自身情况，将服装 CAD、CAM、VSD、NAD 技术与管理信息（MIS）、柔性制造技术（FMS）、客户关系管理（CRM）、供应链管理（SCM）、ERP 等系统组成一个服装计算机集成制造系统（CIMS）。从而提高服装企业信息化建设，促使服装企业管理模式、组织结构、商业模式的完善及业务流程模式的优化，实现具有快速反应功能的服装计算机集成制造系统 CIMS。以数字信息化为手段，整合并优化产业链，全面提升企业的综合竞争实力，以此带动整个服装产业的升级。

（三）服装电子商务的发展

服装电子商务作为服装企业营销手段之一，由于它的经济性和便捷性，越来越受到服装企业的重视。近年来，随着信息技术的发展和全国范围的网络普及，电子商务以其特有的跨越时空的便利、低廉的成本和广泛的传播性在我国取得了极大的发展。作为电子商务中坚力量之一的服装电子商务的异军突起，标志着一种新兴的服装商务模式的产生。在服装电子商务取得长足进步的同时，有必要对我国服装电子商务的现状和趋势进行分析，加深我们对服装电子商务的认识和理解，并认清服装电子商务的发展方向。

服装电子商务可提供网上交易和管理等全过程服务，因此它具有广告宣传、咨询洽谈、网上订购、网上支付、电子账户、服务传递、意见征询、交易管理等各项功能。

（1）服装电子商务将传统的商务流程电子化、数字化，一方面以电子流代替了实物流，可以大量减少人力、物力，降低成本；另一方面突破了时间和空间的限制，使交易活动可以在任何时间、任何地点进行，从而大大提高了效率。

（2）服装电子商务所具有的开放性和全球性的特点，为企业创造了更多的贸易机会。

（3）服装电子商务可以使企业以较低的成本进入全球电子化市场，使中小企业有可能拥有和大企业一样的信息资源，提高中小企业的竞争能力。

（4）服装电子商务重新定义了传统的流通模式，减少了中间环节，使生产者和消费者的直接交易成为可能，从而在一定程度上改变了整个社会经济运行的方式。

（5）服装电子商务一方面突破了时空的壁垒，另一方面又提供了丰富的信息资源，为各种社会经济要素的重新组合提供了更多可能，这将影响到社会的经济布局和结构。

（6）服装电子商务对现代物流业的发展起着至关重要的作用。电子商务为物流企业提供了良好的运作平台，大大节约了社会总交易成本。

（7）服装电子商务将改变人们的消费方式，网上购物的最大特征是消费者的主导性，购物意愿掌握在消费者手中，同时消费者还能以一种轻松自由的自我服务方式来完成交易，消费者主权可以在网络购物中充分体现出来。

（8）服装电子商务是互联网爆炸式发展的直接产物，是网络技术应用的全新发展方向。互联网本身所具有的开放性、全球性、低成本、高效率的特点，也成为服装电子商务的内在特征，并使服装电子商务大大超越了作为一种新的贸易形式所具有的价值，它不仅会改变企业本身的生产、经营、管理活动，而且将影响到整个社会的经济运行与结构。总而言之，作为一种商务活动形式，服装电子商务将带来一场史无前例的革命，其对社会经济的影响远远超过商务本身。除了上述这些影响外，服装电子商务还将对就业、法律制度及文化教育等带来巨大的影响，将人类带入信息社会。

三、服装产业的数字化服装设计与管理是发展的必然趋势

随着全球经济一体化进程加快，市场竞争将越来越激烈，如何运用信息网络技术实现数字化、信息化管理，已成为企业亟待解决的问题。数字化服装设计与管理将成为服装产业发展的必然趋势。数字化信息技术在我国服装产业的应用目前还处于发展阶段，存在很多技术上的问题急需解决，甚至有很多不理想和不能满足实际需求等问题，需要在发展过程中不断进行改进。任何一项技术的传播都不是一朝一夕能够完成的，它建立在人们对它认识和了解的基础之上，是一个较长的应用和改进发展的过程。因此，数字化服装设计与管理的普及和推广，将是我国服装产业发展的长期任务。

现今，服装先进制造技术应理解为是传统制造技术、信息技术、计算

机技术、自动化技术与管理科学多学科先进技术的综合，并应用于服装制造工程之中，形成一个完整体系。它发展的总趋势是向精密化、柔性化、网络化、虚拟化、智能化、清洁化、集成化、信息全球化的方向发展。

传统的服装商业形式是"企业生产服装—商场售卖服装—消费者购买服装"，而现在，由于网络经济的来临，进、销、存的直接管理形式将使传统商业形式逐步消失，热闹的服装批发市场、服装城、服装贸易中心等将逐步被网上的虚拟超市、商店和进销存管理所代替。

社会发展对服装制造技术提出了更高的需求，要求具有更加快速和灵活的市场响应、更高的产品质量、更低的成本和能源消耗以及良好的环保特性。这一需求促使传统服装制造业在21世纪向现代制造业发展。

第三节　服装数字化制造的发展趋势

数字化服装业是指以数字化、信息化为基础，以计算机技术和网络为依托，以标准化及模式化技术为手段，通过对服装设计、加工、物流、销售等产业链各环节中信息的收集、整理、存储、解读、传输和应用，最终实现服装行业及企业资源的最优化配置和最高效运营。数字化服装设计、生产和营销已成为企业的核心竞争力。通过对整个行业进行数字化和信息化改造，将为企业带来新的发展机遇。

一、服装数字化生产的发展趋势

（一）三维测量及电脑试衣

人体测量是服装设计和生产最基本的因素之一，人体测量为衣服的合身性提供基本的数据支持。传统的人体测量以软尺、人体测高仪、角度计、测距计、手动操作的连杆式三维数字化仪等为主要测量工具，对人体进行接触测量，可以获得比较细致的数据。但也存在许多问题，比如，异性接触测量和疲劳测量会对测量工作产生影响，另外，人体是一个有弹性的生物体且人体表面具有复杂的形状，因此存在较大的误差，三维测量是利用三维人体扫描技术，快速准确地获得人体数据，是实现服装信息化、数字化的基础。电脑试衣是通过三维人体测量将人体尺寸扫描在电脑里建立人体模型，或者直接用数码相机把人体形象摄进电脑中，顾客就可以根据自身需要及型号，从服装款式库里随意挑选试穿评估。

（二）服装CAD的智能化和参数化

服装CAD的智能化和参数化就是在电脑和操作者之间形成人机对话，通过改变参数来改变需要变动的部分，而不是对整个部分进行修改。服装CAD是整个服装生产数字化的核心，包括款式、结构样板、图案配色、面料、放码及排料等设计。毫无疑问，其智能化和参数化已成为数字服装的发展趋势之一。

（三）CAPP、CAM与整个模块的集成化

CAPP和CAM是服装制造信息化的核心技术，属于CIMS的核心技术，它们主要支持和实现CIMS产品的设计、分析、工艺规划、数控加工和质量检验等工程活动的自动化处理，整合模块的关键是数据交换和共享。为了实现集成制造系统，需要相应的硬件设备，如计算机控制的服装面料检查设备、自动模板缝纫机、智能悬挂传输缝纫系统等。从电脑裁布机到自动切割机，再到智能柔性悬挂系统的自动化制造过程，大大减少了人为技术因素对产品质量的影响，使人工减少、面料节约、效率提高成为可能，并缩短了生产周期，从而在整体上降低成本，增强企业的市场竞争力。

（四）信息管理的网络化

ERP与PDM的结合是整合和封装每个模块的信息单元，使它们之间的信息能够有效共享，并与外部信息相互交换，形成完整的企业内联网、企业外联网和互联网系统。为了实现企业管理信息系统的网络化，有必要建立完善的数字网络系统，以帮助企业快速应对。

二、服装数字化系统逐步完善

（一）智能化服装CAD系统

计算机辅助设计系统（Computer Aided Design，CAD）是将信息技术、计算机网络技术、智能控制技术等应用到服装设计中。服装CAD的发展是服装行业成熟的计算机应用领域，主要包括打板、推板、排料系统。最早的服装

CAD系统是美国1972年研制的MARCON系统，随后法国、日本、西班牙等国家纷纷推出类似系统，20世纪60—70年代，CAD系统应用于排料系统，在服装行业最大限度地提高面料利用率和生产效率。20世纪80年代，CAD在引进、消化、吸收国外的经验下传入中国，随着CAD系统功能的不断扩大，已经可以根据基础板推出其他全部号型的板，即放码功能开始出现。这一功能可以节省大量人力、物力及时间。随着计算机技术、图形学和服装技术等相关技术门类的发展，服装CAD技术的发展总体趋于标准化、智能化、集成化、立体化、网络化和虚拟化。

国内外的CAD有几十种，可以分为基于定数的系统、基于参数的系统及两种方式相结合的系统。基于定数的CAD系统操作自由，开发系数难度较低，不能自动放码，如美国格柏公司（Gerber）、法国力克公司（Lectra）；基于参数的CAD系统可以自动放码、连动修改、参数化记忆等，自由度有所限制；两种方式相结合的CAD系统有两种不同类型，一种是具备两种操作模块，如国内的富怡服装CAD软件；另一种是将两种操作模块合二为一，公式制图和定寸法制图同时实现，在自动放码的同时又可以点放码，如博克服装CAD软件，这些系统基本实现了利用科学技术代替手工技术。国外CAD主要与最新科技相融合，如3D扫描、3D打印系统，从而提高服装设计的效率。国内主要是通过将CAD、CAM及ERP系统进行融合，虽然两者的发展方向不大相同，但是都促进了服装产业的发展。

智能化服装CAD可以提高设计质量、避免较大误差、控制产品质量、提高生产效率。一套普通的服装，将全套的板型制作出来需要2～3天，使用服装CAD则只需要3～4h，大大提高了效率，降低生产成本。CAD系统减少了样板设计方面的人员，为企业节省了费用；可以提高对市场的反应能力，缩短生产周期；另外，还可以方便管理与存档，预计生产数据，实现远程打板和资料传递，提高顾客满意度、降低劳动强度、改善工作环境。

智能化服装CAD是服装CAD发展的必然，它能够满足服装生产的更高要求，把计算机领域富有智能化的学科和技术应用到CAD系统，融合机器学习、智能推理和技术，可以启发设计灵感，激发创造力和想象力，如打板师可以根据自己想要的款式在系统中寻找与之相匹配的衣身、衣领、衣袖，并且可以根据输入的尺寸进行自动调整，使打板效率大幅度提升。

（二）智能化服装CAM系统

计算机辅助制造系统（Computer Aided Manufacture，CAM）应用于服装生产的缝制阶段，即在服装CAM系统之后，对完成的排料方案进行裁剪和缝制。其主要包括服装裁剪CAM系统、服装吊挂传输CAM系统、服装整烫CAM系统。智能化服装CAM系统的应用，在提高服装企业生产效率的同时，使生产过程更易于控制，产品质量也有了更好的保证。

美国格柏公司和法国力克公司等在这一领域处于领先位置的公司研发的服装CAM/CAD系统中，服装CAD系统和服装裁剪CAM系统是一个整体，样板师在CAD系统中完成的排料图可以直接传输到CAM裁剪系统中进行裁剪。

服装吊挂传输CAM系统是在缝制过程中，由计算机控制衣片或衣片组合按照缝制顺序，通过轨道式吊挂传输，被输送到各缝制工位上，并将工位上工人的状态信息反馈到电脑控制中心，通过人机交互的方式来调节运输平衡。例如，当某一工位上悬挂等待的衣片或衣片组合少于一定数量时，计算机便会控制轨道把相应的衣片运送到该工位上。服装吊挂传输CAM系统的轨道往往同时运行几个不同的流水线，大大提高了服装生产效率。

服装整烫CAM系统是在后整理的整烫工序中，使用计算机控制整烫过程蒸汽加吹时间、热风干燥时间、成形压力大小及检测温度高低等各种参数，对不同的面料、款式选择不同的工艺参数和流程以及不同形状的烫压模具，降低整烫工序的劳动强度，保证服装整烫的效果，提高产品的质量。

目前，智能化服装CAM系统主要还是应用于西装和高档女装等较少服装品种的生产当中，且在服装生产之后的仓储、物流和管理过程中，并没有得到很好的应用，也就是说在服装机械相关的环境优化方面，并没有发挥应有的作用。

（三）智能化服装CAPP系统

计算机辅助工艺设计（Computer Aided Process Planning，CAPP），利用计算机技术将服装款式的一系列设计数据转化为制造输出系统模块，代替人工进行工艺设计，形成工艺流程图、工艺分析表、工艺单及自动加工的控制指令，是现代服装生产管理中的重要技术。服装CAPP是连接CAD和CAM的桥梁，既可以连接CAD的设计信息，又可以制作工艺信息，是建立服装计算机集成制造系统（CIMS）的关键环节，实现了CAD、CAPP、CAM一体化，主要由信息输入模块、工艺数据库模块、输出系统模块组成，其中，工艺数据库模块是工艺设计的核心。服装CAPP系统可以优化服装工艺设计、缩短设计周期、降低设计费用，另外提高了企业适应当今社会小批量、多品种、短周期和高质量的生产能力，推动服装企业的信息化管理。

服装CAPP系统中相当一部分还处于研发阶段，一旦发展成熟将极大地促进服装行业的自动化与智能化发展。服装CAD、CAM及FMS（Flexible Manufacturing System，柔性制造系统）已经经历了较长时期的发展，国内外都急于将CAD、CAM、FMS集成或一体化，可是缺少CAPP系统，是不能将CAD与FMS集成的，在计算机集成制造系统的研究与开发过程中，CAPP是较薄弱的一环，也是难度较大的领域。CAPP系统不发展到一个相当高的水平，就不能实现CAD与FMS整个CIMS的集成。

服装CAPP系统自成立以来经历了三代，并且一直保持智能化。第一代CAPP系统始于20世纪80年代，CAPP开发的目标是实现过程设计自动化，即解决CAPP系统的自动过程设计问题。在一段时间内，CAPP系统的目标一直都是代替工艺人员，在工艺决策环节强调自动化，因此开发了创程式、检索式及派生式的CAPP系统。第二代CAPP系统是在20世纪90年代中期出现，CAPP系统改变其发展目标，并优先考虑处理事务、客户服务和管理工作概念的开发，以实现开发优先级。这类系统的主要目标是解决过程管理问题。CAPP系统发展迅速，在实用性和商业化方面取得了重大突破。第三代CAPP系统自1999年以来突破迅猛，可以直接从二维或三维CAD设计模型中获得工艺输入信息，根据自身数据库和知识库，在关键环节采用交互式设计方式并提供参考工艺方案，保持管理性工作和解决事务性等优点的同时，致力于提升CAPP系统的智能化水平，将CAPP技术与系统视为企业信息化集成软件中的一环，为CAD、CAPP、CAM、PDM集成提供全面基础。

CIAPP（Computer Intelligence Aided Process Planning，计算机智能辅助工艺设计）是结合AI和CAPP技术的综合研究领域。它在CAPP中运用AI的理论和技术，使CAPP系统在一定程度上具有工艺设计师的智慧和思想，能处理许多不确定性问题，可以模拟专家的工艺设计，解决工艺设计中的许多模糊问题，CIAPP系统汇集许多工艺专家的经验和智慧，并充分利用这些知识进行逻辑推理，探索解决问题的途径与方法，给出合理的，甚至是最佳的工艺决策，CIAPP的研究为进一步发展开辟了新的道路。

相对于国外，我国的CAPP系统发展比较滞后，目前瑞典铱腾（ETON）、美国格柏（GGT）、法国力克等公司的工艺设计系统早已实现与CAM系统的集成，针对不同款式要求对工序进行分解，自动计算劳动时间成本，并将结果传送给单元生产系统，实现对吊挂运输及缝制生产线的控制。随着CAPP智能化的发展，已经具备能够"根据环境和任务的变化产生实时反应的智能性"❶。

（四）服装智能制造的应用

在服装企业缝前工段，服装专用3D CAT、CAD、CAM系统的集成控制和运行，以及自动人体测量、自动铺布、自动排板、自动裁剪系统一体化，更高级的已经做到缝前工段面料不落地的自动生产，如我国的上海长园和鹰智能科技有限公司、台州杰克、宁波经纬科技（JWEI）、法国力克、美国格柏等企业推出这些设备总的来说，缝前工段流程自动化程度较高。

在服装企业缝制工段，以"智能吊挂输送＋自动平/包缝纫机＋自动缝制专用机＋自动缝制单元或自动缝制模板机"为主的流程自动化得到了普及应用，如上工申贝、北京大豪、上海长园和鹰、上海威士、上海富山、美机Euromac、川田、祖克、大森、中缝重工、瑞典铱腾（ETON）、欧泰克等企业相继推出了这些设备。随着人工智能的发展，机器人也被应用于服装智能制造的环节中。早在1964年，德国库卡（KUKA）机器人公司发明了缝制塔夫绸服装的第一台机器人缝纫机；2004年日本进行了机器人参与的"成衣加工自动化"研究课题，同年，我国从德国KSL公司进口裤子缝纫机器人；2012年美国进行"机器人裁缝"研发计划，德国在这一年则推出3D双针锁式线迹缝纫机器人；2013年我国纷纷成立缝制机器人公司，另外，上海申贝公司收购德国KSL公司标志着我国3D缝制机器人开始商业化。目前，越来越多的服装企业将机器人用于裁剪和缝制环节，在很大程度上提高了服装制造过程的智能化。

在工业4.0时代，服装行业竞争日趋激烈，服装产品向多元化、个性化、短周期的方向发展，企业只有充分利用服装智能制造，才能在当今多变的服装市场快速反应，在竞争异常激烈的服装市场处于有利地位。智能工厂、智能生产和智能物流相继出现，服装智能制造正以一种全新的面貌给服装行业

❶ 詹炳宏,宁俊.服装数字化制造技术与管理[M].北京:中国纺织出版社有限公司,2021.

带来勃勃生机，同时也给现代服装行业带来了一场巨大的变革。如今，服装智能制造发展取得了一些成果，如虚拟现实技术（VR）、三维人体测量、立体裁剪样板数字化、RFID技术、GST系统、APS等。

1.虚拟现实技术（VR）

VR最早是由美国人杰化·拉尼尔（Jaron Lanier）提出的，在20世纪90年代被科学界和工程界所关注的技术。它的兴起为人机交互界面的开发开辟了一个新的研究领域，为智能工程提供了新的应用，为各类工程大规模的数据可视化提供了新的描述方法。这种技术的特点在于计算机产生一种人为虚拟的环境，这种虚拟的环境是通过计算机图形构成的三维空间，是把其他现实环境编制到计算机中去，产生逼真的"虚拟环境"。从而使用户在视觉上产生一种在真实环境中的感觉。这种技术的应用改进了人们利用计算机进行多工程数据处理的方式，它的应用可以带来巨大的经济效益。

2.三维人体测量技术

基于二维人体测量的三维服装CAD，在服装设计、生产及销售等环节都显示出前所未有的潜力。在服装设计方面，三维服装CAD可以根据人体测量数据模拟人体，使服装设计更加宜观。另外还可以虚拟展示着装状态，实现虚拟购物试穿的过程。在结构设计和生产方面，首先通过系统获得客户的精准尺码数据，通过网络传输到服装CAD系统，系统根据尺码数据以及客户对服装款式的选择，找到与之匹配的样板，进行快速生产。在服装展示方面，应用模型动画，模拟时装发布会，进行网上时装表演，不仅可以减少表演费用，而且对传播时尚信息也十分重要，三维人体测量技术弥补了传统手工测量人体的不足。

3.立体裁剪样板数字化

立体裁剪包括初始样板形成和样板修正，初始样板形成是在人台上，通过坯样造型，然后平面展开所获得的结构图；样板修正指的是综合考虑面料、工艺等要素，修正坯样所形成的结构图，并在此基础上增加工艺参数，使之成为工业样板。随着二维和三维技术的成熟和普及，给数字化样板制作带来了极大的方便，它不需要将坯样假缝，也不需要制成样衣校对，只需要在人台上进行造型设计和坯样制作，形成初始样板。借助数字化仪导入CAD系统，形成数字化样板，然后在系统中进行修改和测试，避免了没有合适面料的尴尬，使样板制作更快、更准、更便捷，效率是人工修正样板的数倍。

4. RFID技术

对于采购业务，服装企业通常凭经验计算采购点。采购作业无法及时了解产品的销售状况，导致原材料库存积压，库存成本升高。通过RFID技术满足对生产现场数据的采集，实现生产过程中物流与信息流的同步，提高服装企业管理水平，满足其快速反应的需求。RFID系统使企业在服装中可以采用铭牌、吊牌、水洗标牌，甚至可以衣片植入，减少服装企业在物流仓储和配送中商品盘点的时间，降低失误率，使企业的管理效率得到提升。

5. GST系统

GST系统由基础设置、静态数据、动态数据、报表应用四个部分组成。通过这四个部分，可以根据企业的实际情况为企业建立起一整套技术标准、品质标准及标准工时数据库，用来分析包括裁剪、缝纫、熨烫、检验及包装的标准时间，是缝制工业的时间标准。GST一般用代码来表示动作，每个代码都有一个固定的时间值，时间值因移动的距离和动作难度而不同。GST代码共有52个，常用代码40个、补充代码12个。该系统同时与企业的ERP、PLM、RFID、3D虚拟系统、电子看板、智能吊挂等信息系统，实现数据对接与整合，从而全面提升企业价值。

6. APS

APS利用数学建模及复杂的运筹学知识，充分考虑服装行业可能存在的各种约束条件，对生产计划进行多目标（准时交期最大化、生产成本最小化、生产效率最大化、库存积压最小化等）整体优化，生成整体最优的生产排程方案。通过直观的可视化排产器，实时显示排期结果，企业可以根据自身实际情况，对各种优化目标设置合适的权重。

在新一代信息技术迭代演进、改变生产要素结构的新趋势下，我国纺织产业亟须加快向智能制造新业态、新模式转型升级，进一步创造国际竞争新优势，迈向全球同类产业价值链中的高端环节。只有积极拥抱变革，以新的商业模式、新的消费价值、新的生产理念彰显时尚产业新活力，产品创新、制造技术创新、产业模式创新才能给服装行业发展带来新动能。

第三章　数字化服装设计的内容

数字化服装设计是依据服装设计过程的每一个环节展开的，包括数字化面料视觉设计、数字化服装款式设计以及服装样板设计等。通过应用服装数字化软件，可以进行服装的图案、花型和色彩设计，这样可以在服装 VSD 系统直接看到服装款式设计效果。应用和普及服装数字化技术将为服装企业带来生产效益和利润的最大化，对服装产业发展起到强大的推动作用。

第一节　数字化服装面料设计

数字化面料设计是利用计算机数字图像处理和数据库等技术，建立适应个性化市场、快速反应的数字化面料设计系统。该系统可以借助先进的数字化技术和数字图像处理技术，调用设计图库和网络资讯的大量信息，实现面料设计开发的可视化操作，激发设计师的创作灵感，拓宽图形创意视野，突破设计师与目标市场沟通的瓶颈，缩短传统模式设计、实验、打样和确认的磨合期，达到面料设计、创意、生产以及市场效益的最优组合；可以运用图像技术和数字化技术合成设计面料，模拟面料产品效果，方便客户选择，并能瞬间通过网络传输确认，使企业在生产操作之前，模拟最终成品的视觉效果，达到优化工艺、正确决策和减少风险的目的。

一、数字化服装面料色彩设计

数字化面料色彩设计主要包括以下三方面。

（1）调整色彩的精准度。通过建立常用色彩库或者借助色彩标准来调整色彩的精准度，使图案、花型、色彩达到最佳效果。

（2）实现不同色彩系统的无缝转换，这种转换功能对精准程度特别重要。因为其可以使计算机显示屏显示的色彩与最终数码印染机输出的色彩保持一致，从而使设计与面料生产的色彩一致。

（3）电子数码配色与分色。图案设计得到的设计样稿可通过后续的分色做出精细的分色版，并且通过自动减色功能合理地减少制版数量，这样既可降低成本，又不影响图案效果。

二、数字化服装面料款式结构设计

（一）纱线数字化设计

（1）单根纱线。单根纱线的模拟主要是通过设定纱线的粗细、颜色、密度等具体数值来获取相应的纱线外观特征。

（2）组合纱线。通过模拟各种不同外观特征的纱线组合，模拟普通纱线、混合纱线等不同风格特征的纱线。

（二）织物组织数字化设计

织物组织数字化设计是通过织物组织CAD技术完成的。织物组织CAD技术的应用缩短了设计周期、提高了工效、降低了从设计到试样过程的工作强度，可以在织物设计阶段用计算机模拟显示出织物的实际效果，提高新产品的设计能力，减少浪费，降低试样投入，提高市场竞争力。

织物组织数字化设计过程是一项复杂、细致的工作，以往由手工进行的画点和计算这些技术难度大的工作如今大部分可由计算机代替，但是因为花样纹版处理具有复杂性，如方法复杂、效率低、易出错，而且效果不能直接体现出来，缺乏直观性，对于复杂的花样，可能会出现设计上的差错。如果每次设计的结果都需要采用试织法验证，试织不满意又要重新设计再进行纹版处理和试织，直到满意为止，这样需要消耗大量的人力、物力。

织物的实物模拟是将织物的各种主要因素数字化、模型化，即用计算机自动处理实现模拟织物的生成过程并模拟外部环境对织物的影响。织物的实物模拟也为实物的场景模拟、服装辅助设计、虚拟现实、计算机动画等提供了必要基础。场景模拟就是将纺织品输入计算机搭建的二维或三维环境中，从而更加直观、方便地评判织物的设计效果。织物模拟效果开发成功后，可以进行直观的织物设计，实现计算机虚拟试样，从而减少设计中的不确定性，可在新产品的开发中降低成本、提高效率，同时"减少了设计师对试样失败的恐惧心理"❶，有利于各类别出心裁的产品问世。

（1）机织物。机织物的表面效果由织物结构设计决定，结构是设计精美织纹效果的基础。组织结构模拟设计了分层组合的结构设计方法，以全息组织和组织库设计替代单一组织的设计。机织物的结构有简单和复杂之分。复杂结构的机织物由多组经纱和纬纱交织而成，主要用复杂组织中的重纬、重经、双层、多层组织完成织物结构设计。对于复杂结构的机织物和复杂组织而言，在简单组织的基础上进行组织的组合设计是最基本的设计方法。

（2）针织物。针织物组织结构模拟以Peirce模型为基础，采用NURBS曲线中心路径，圆形模拟纱线截面，利用3DS MAX软件实现线圈及基本组织的计算机三维模拟。在此基础上，以3DS MAX强大的动画功能为平台，从成圈三角、针舌的运动、纱线变形仿真三方面模拟基本组织的编织过程，使针织过程具有直观的视觉效果，便于针织物的设计及改进。

（3）面料质地性能设计。服装设计大多是先从面料的设计搭配入手，根据面料的质地性能、手感、图案特点等进行构思。选择适当的面料并通过挖掘面料美来传达服装的个性精神是至关重要的。充分发挥材料的特性和可塑性，创造特殊的质感和细节局部，可以阐释服装的个性精神和最本质的美。服装VSD系统的面料设计功能可以根据不同质地、特性的面料进行数字量化设计。

第二节　数字化服装结构设计

数字化服装结构设计是数字化服装设计的重要组成部分之一，是三维人体测量技术和计算机辅助设计在数字化服装设计领域应用的重要成果。数字化服装结构设计方法的应用使传统的服装结构设计方法发生了深刻的变革，为服装的设计、生产与管理提供了现代化高科技手段，为服装业的发展提供了更广阔的发展空间。

服装设计可分为服装款式设计、服装结构设计和服装工艺设计三部分。传统的服装设计方法是使用各种画笔、尺子等工具，测量服装用人体尺寸，

---

❶ 韩燕娜.数字化背景下三维服装模拟技术与虚拟试衣技术的应用［M］.北京:中国原子能出版社,2019.

在纸上绘制服装款式效果图和服装结构图。数字化服装设计则是借助计算机辅助设计技术、三维人体扫描技术等高科技手段，进行服装用人体尺寸测量、款式设计、结构和工艺设计，即运用自动人体测量系统采集人体数据，使用计算机绘图软件绘制服装效果图和结构图。

数字化服装结构设计是数字化服装设计的中间环节，是在服装效果图的基础上，通过人体自动测量采集服装人体数据，运用服装CAD技术进行标准样板设计、系列样板缩放和排料等系列设计工作。

一、人体测量技术的发展

采集服装用人体体形数据是服装结构设计工作的第一步，属于人体测量学的研究范畴。人体测量学研究的水平直接影响着其相关领域的发展水平，对服装业的发展更是有着重大而深远的影响。服装业发展水平较高的国家均具有完善、高水平的人体测量学研究机构。因为人体体形特征是服装结构设计的起点，只有客观、准确地掌握人体体形特征，建立正确的坐标原点和参照体系，才能在科学的基础上选择正确的中间体，进行标准样板设计、号型配置、系列样板缩放等服装结构设计工作。

（一）人体测量的一般方法

人体测量方法可归纳为接触式人体测量和非接触式人体测量两类。接触式人体测量是传统的测体方式，是由专业人员在被测者身上标出骨骼点位置，然后采用标准测体工具进行人体各部位数据的测量，测体过程需要与被测者的身体接触，故称为接触式人体测量。非接触式人体测量则是采用专用测体设备，由人工操作设备或专用设备自动完成人体各部位数据的测量，测体过程不需要与被测者的身体接触。

接触式人体测量用骨骼点定位，人体各部位测量数据准确，多用于原型和内衣类产品的设计。但因采用人工操作，不同的操作者对标准的掌握存在差异，会产生测量数据误差，并且进行大范围测体需要耗费大量的人力和时间。而非接触式人体测量采集的是人体体表数据，测体过程快，标准化程度高。三维人体自动测量就是采用非接触式人体测量方式，自动完成人体数据测量的过程。

（二）人体自动测量技术的发展

人体自动测量技术的核心是三维人体扫描技术，三维人体扫描仪是人体自动测量系统的关键设备。20世纪90年代，三维人体非接触扫描仪进入商品化时期。三维人体扫描技术一经面世，即得到迅速推广和运用，其功能也在不断地完善，人体全身扫描技术日趋成熟。

根据所用光源的不同，人体扫描仪可分为激光和非激光两类。三维人体扫描技术采用非接触式人体测量方法获取人体体表空间曲面数据，生成人体模型，客观而全面地反映被测者的体形特征。为了便于进行大规模的人体测量，近年来，还开发出移动式三维人体自动测量系统，即车载式三维人体扫描系统。

在目前已面世的三维人体扫描系统中，CyberwareWB4是世界上第一个人体全面扫描系统，可以产生高分辨率的人体外表数据组。Telmat公司曾经开发出一台阴影扫描仪SYMCAD，用于服装工业。Tecmath公司开发了一套全身人体扫描系统，扫描时间不到2s。Lectra公司和Tecmath公司联手开发并推广Lectra-Tecmath人体测量技术，用于大批量定做服装的综合人体测量。

在移动式三维人体扫描技术方面，Scanline是第一个车载三维人体扫描系统。它采用Tecmath公司开发的3DBodyScanner Ⅵ-TUS/Smart和3DFootScannerPEDUS，能够在几秒内完成身体和足部的测量工作。国内也有一些科研机构和高等院校进行了人体自动测量系统的研究，并相继推出了商品化系统。例如，北京天远三维科技有限公司的天远三维扫描系统采用非接触式光学（卤素光源）扫描；西安电子科技大学研制的非接触式三维人体测量系统采用红外光投影、单机二维摄像提取人体三维体形信息的方法进行测体。

人体自动测量技术的出现实现了人体体形的数字化描述，具有操作简便、测量过程快捷、测量数据客观、传输方便等特点。人体自动测量系统构成人体数据采集、分析处理与数据传输体系，能够及时掌握客户的体形数据，并跟踪其变化，为样板设计提供准确数据。

二、服装CAD技术的发展

（一）服装CAD的结构设计

服装CAD技术即计算机辅助服装设计技术，其结构设计功能是数字化服装设计技术中最完善、应用最广泛的部分之一。它包括样板设计、样板缩放和排料三个主要内容。

1.样板设计

服装样板设计是将服装款式造型用尺寸数据表达，并采用服装结构图的形式描述三维服装转化为二维样片的结果。服装样板设计包括服装规格设计和服装结构图绘制两部分内容。在数字化标准样板设计中，绘制服装结构图的软件属于矢量绘图软件，以矢量的方式生成或处理数据，绘制生成的矢量图通常占用较小的硬盘空间。图形放大、缩小或旋转时不会影响图形质量。

2.样板缩放

样板缩放又称推板或放码，是按照所需的号型系列的档差，将标准样板缩放成系列样板，是成衣生产的重要环节。在数字化结构设计中，需要按照所需号型系列建立尺寸表，服装CAD系统可根据标准样板与尺寸表自动完成样板缩放。

3.排料

排料是指按照要求将系列样板平铺在面料上，进行画样、裁料。在数字化结构设计中，排料可由服装CAD系统自动完成，也可采用人机交互的形式，根据需要移动、旋转样片，还可以同时设计出多个排料方案，以便对比选择。

（二）服装CAD技术的发展现状

计算机辅助设计技术是计算机图形处理技术在设计领域的重要应用成果，包含建筑设计、机械设计、工业设计、广告装潢设计等工程和艺术类设计内容。随着计算机技术的不断更新，CAD技术发展迅速，已成为计算机应用技术的重要内容。

CAD技术首先运用在工程设计领域，20世纪60年代末70年代初才开始应用于服装设计领域。20世纪60年代末，美国率先研究开发服装CAD技术。1972年，美国格柏（Gerber）公司推出了商品化服装CAD系统，该系统具有制板、推板/排料两个基本功能。因此，服装结构设计是CAD技术在服装设计中最先使用的领域，也是数字化服装设计的起点。随后，法国、西班牙、英国、瑞士、德国、日本、意大利、中国等国也相继开发出各自的服装CAD系统，并在批量服装生产企业得到了迅速推广。

随着计算机处理彩色图像、图形功能的出现，服装CAD技术更加完善地应用于服装款式设计领域，服装CAD具有了服装款式设计、样板设计、推板/排料三个基本功能，覆盖了除人体数据采集之外的服装款式和结构设计的基本内容。

虽然商品化的服装CAD系统品牌有很多，各有其特点与适用范围，但其基本功能相似，即都具有服装款式、样板设计、推板/排料三个基本功能。在传统的生产模式中，推板和排料是企业设计、生产流程中的瓶颈，工作量大、费时、费力，且容易出错。服装CAD系统的推板和排料功能使企业的推板和排料实现了自动化，解决了长期困扰企业的问题，缩短了设计生产周期，提高了样板的准确性，使技术人员从繁重的重复劳动中解放出来。另外，计算机的大容量存储功能为服装系列样板和成品尺寸表等技术资料的保存提供了更大的空间，并方便资料的查询。因此，推板和排料功能至今仍是服装CAD技术在实际生产中使用最多、最实用的功能。

目前在各种服装CAD系统提供的三个基本功能中，样板设计功能还不能满足样板设计师的全部要求，其在实际的设计工作中使用得较少。通常样板设计师用铅笔、尺子、纸等传统工具完成1∶1标准样板的设计，再使用服装CAD系统提供的图形输入工具将其输入计算机，在标准样板的基础上，进行后续的推板和排料工作。因此，服装CAD中的样板设计功能的实用性还有待完善。

服装CAD技术的使用给服装设计与服装生产方式带来了深刻的变革，把设计师与生产者从重复性的手工绘图、计算、资料查阅与技术资料管理等繁重的劳动中解放出来，缩短了产品开发周期，提高了工作效率，降低了生产成本，更重要的是，提高了企业对多变的市场需求的快速反应能力，从而增强了企业的竞争能力，为企业带来了巨大的经济效益。数字化服装设计技术的运用已成为服装企业生产现代化的标志。

在发达国家，服装企业普遍采用数字化服装设计技术。据统计，美国大多数的服装企业拥有服装CAD/CAM系统；在欧洲，服装企业CAD/CAM系统的拥有率达到70%以上。

近年来，随着我国现代化服装企业的迅速崛起，面对日益激烈的市场竞争，为了提高企业对市场需求的快速反应能力，在现代服装设计与生产过程中，数字化服装设计手段得到了迅速推广及运用。

（三）服装CAD系统的支撑环境

服装CAD系统的支撑环境包括硬件、系统软件、应用软件。

1.硬件

服装CAD系统的基本硬件由CAD工作站及图形输入、输出设备组成。其中，CAD工作站是具有运算处理及图形交互处理功能的计算机系统，包括主机、显示器、键盘和鼠标；常用的图形输入设备有数字化仪、扫描仪、摄像机和数码相机等；图形输出设备有绘图仪、打印机等。

2.系统软件

广义的系统软件是指面向硬件和资源管理，并为其他程序提供服务的程序集合，如各种操作系统、编译程序、各种应用软件开发工具以及各种数字化服装设计的专用支撑软件，主要包括图形设备驱动程序，图形文件管理规范，图形程序管理包，二、三维图形交互处理系统，三维几何造型系统，真实图形生成系统，结构分析系统，数据库及管理系统，网络通信系统，汉字处理系统，知识库及管理系统等。

3.应用软件

应用软件是面向用户的、完成特定功能的程序集合。数字化服装设计专用的应用软件种类有很多，在不同的支撑环境下，系统采用的硬件配置、系统软件等均有所不同。不同品牌的系统各有其特点与适用范围。在数字化结构设计方面，这些应用软件的基本功能相似，均具有样板设计（制板）、样板缩放（推板）和排料两个子功能，其操作界面、绘图工具种类及具体操作方法略有不同。

由此可见，能够自如运用计算机辅助服装设计工具的共同前提，是使用者应是已经掌握了服装设计基本知识和方法的专业人员，即从事服装款式设计、服装结构设计的专业人员。就计算机辅助服装结构设计而言，使用这一高科技工具的人必须掌握服装结构设计的基本知识和方法，并具有根据服装款式及人体主要控制部位尺寸进行规格设计、结构制图的能力，同时具有相关的计算机基础知识，掌握绘制服装结构图的应用软件的使用方法。简而言之，无论是使用纸、笔、尺子之类的传统工具，还是使用计算机这一高科技工具，使用者都必须具有服装款式、结构设计的能力，以及绘制服装效果图、结构图的能力。

三、数字化服装结构设计的发展趋势

数字化服装设计发展至今，已实现了服装人体数据的自动采集、计算机辅助服装设计（CAD）、计算机辅助服装工艺设计（CAPP）和计算机辅助服装制作（CAM）。在数字化结构设计方面，实现了样板缩放与排料的自动化及固定款式样板的自动生成；在工艺设计与制作方面，部分款式实现了工艺设计、铺料和裁剪、成本核算和生产过程管理的自动化。

随着计算机技术的不断发展，数字化服装设计技术必将进一步发展，实现真正意义上的三维服装与二维样片的自动转换、二维样片自动重组，实现CAD/CAPP/CAM一体化系统，同时运用信息技术形成设计、生产、管理、质量控制和销售数字化体系，建立面对多变的服装市场需求的快速反应机制，进而实现计算机集成制造系统（CIMS），实现服装设计、生产、管理、质量控制及销售的全面自动化。

第三节　数字化服装定制设计

一、数字化服装定制的含义

未来消费的个性化需求不仅限于产品自身，"更强调品牌所追求的品质生活、互动体验、个性定制、便捷高效、绿色健康等个性化的人文情怀"❶。宏观环境变化及消费需求升级，使服装传统定制向数字化定制转型成为必然。服装定制方式、设备、渠道、载体等的改变诱发营销模式的重构。如何借助信息化、智能化的数字化技术手段及丰富体验营销形式，是数字化定制服装企业亟待解决的问题。

---

❶ 杨雅莉,孙振可,孔媛,等.数字化定制服装"追踪式"体验营销模式研究［J］.毛纺科技,2019,47(4):66.

国内关于服装数字化定制研究主要集中在如何实现数字化定制的路径：其一，研究数字化定制平台中人体的测量；其二，研究数字化定制终端平台建设；其三，研究数字化定制模块的建设。

数字化就是将许多复杂多变的信息转变为数字、数据，再以这些数字、数据建立适当的数字化模型，把它们转变为一系列二进制代码，引入计算机内部，进行统一处理，这就是数字化的基本过程。数字化定制服装借助数字化模型，以传统服装定制和成衣生产为基础，改变原有定制路径，利用互联网技术进行大数据统计分析，实现定制服装的设计智能化和制造柔性化，实现生产管理数字化、商品数字化、消费场景数字化、消费体验数字化，为消费者提供个性化的定制服务和智能化的数字解决方案。国内诸多定制服装品牌已实现从传统服装定制向数字化服装定制的转型升级，同时部分网络定制品牌顺势而生，如埃沃（IWODE）定制将西装个性元素模块化，为消费者提供个性化线上定制。

二、传统定制与数字化定制服装的差异

传统的服装定制基础是人体测量、样板制作、成衣试穿。成衣规格来源于人体尺寸，制板需要技术人员的技能和经验，试穿需要消费者本人直接参与。由于人体体型、个体要求以及服装制作过程的复杂性，在很多情况下，现在的成衣生产很难满足消费者合体、舒适和个性化的需求。随着计算机数字化技术的发展，服装测量、制板、试穿方面的研究已经取得了显著的成果，形成了由三维人体扫描获取量体数据、二维服装制板制作和三维虚拟试衣三个要素构成的数字化服装定制技术。这种新的服装定制生产模式是现代意义的量身定制的服装生产方式，数字化和信息网络化技术带来的个性化服务是这种定制生产模式区别于传统单量、单裁定制服装生产的重要标志。

具体来说，传统定制服装与数字化定制服装的区别如表3-1所示。传统定制服装成本高、价位高、耗时长、受众少，这制约着传统定制服装的发展。数字化定制颠覆原有定制模式，在保留原有定制服装风格特点的同时，依托智能制造手段，实现单体定制的批量化生产，提高定制效率，降低定制成本。

表3-1　传统定制服装与数字化定制服装的区别

定制模式	定制特点	渠道	定制设备	经营范围	代表品牌
传统定制	手工化定制；个体单裁定制；消费者较少参与	小作坊，工作室，品牌门店；定制企业	自动化；半自动化	男女职业装；女性礼服	杉杉、报喜鸟、培罗蒙、玫瑰坊、若娜琳、马克·张……
数字化定制	智能化定制；个体单裁或团体多裁定制；消费者参与度高	网上定制平台；手机定制App	智能化；自动化	男女职业装	红领、酷绅、南山定制、衬衫网上定制平台、尚品定制、7D服装定制、埃沃定制……

三、数字化服装定制需求

当前，越来越多人尝试服装定制，服装定制逐渐成为一种时尚。当人们的物质生活丰富的时候，人们的生活空间和生活方式会有更多的延展，在出席商务谈判、聚会、庆典等多种社交场合时需要用不同的服饰体现自己的修养、社会层次或经济地位。品牌服装的模糊性有时无法概括这种丰富性，服装定制却能够从容应对，这就给服装定制市场带来了无限商机。

随着人们对穿着打扮的要求越来越高，不同消费层次的服装定制频频出现，敢于尝试并且有能力尝试高级定制的人正在稳步增多。定制服装能满足消费者对服装的所有个性化的渴望。拥有专属于自己的个性衣装，可向人们展示自己不同于一般的身份和个性，强调自己的与众不同，展示"个性时尚"的风采。

四、数字化服装定制的实施

数字化服装量身定制（Electronic Made to Measure，EMTM）是将产品以及生产过程重组转化为批量生产。先通过三维人体扫描系统获得客户人体各部位规格信息，将其通过电子订单传输到服装生产CAD系统，系统根据相应的尺码信息和客户对服装款式的要求（放松量、长度、宽度等方面的信息），在服装样板库中找到相应的匹配样板，此系统从获取数据到样衣衣片完成、输出可以缩短到8s，最终进行系统快速反应方式的生产。按照客户的具体要求量身定制，做到量体裁衣，使服装真正做到合体、舒适。对于群体客户职业装或者制服的定制，需要寻找与之相应的合身的尺码组合。整个操作过程从获取数据到成衣完成需要2～3天的时间，缩短了定制生产时间，提高了企业的生产速度。

在网络定制平台，将原本需要消费者提供的个人信息简化成了一些标准性的语言供消费者选择。在填写了有关尺寸信息后，消费者只需要针对各个部位挑选自己喜欢的样式就可以完成前期定制过程。从定制一件产品开始，可以通过这套 IT 系统追踪这个消费者。在生产的过程中，可以及时地通过短信、电子邮件等方式通知消费者定制产品已经生产到了什么程度，还需要多少时间就可以拿到，让消费者降低等待的焦虑感。数字化服装量身定制系统利用现代三维人体扫描技术、计算机技术和网络技术将服装生产中的人体测量、体形分析、款式选择、服装设计、服装订购、服装生产等各个环节有机结合起来，实现高效、快捷的数字化服装生产链条。作为一种全新的服装生产方式，数字化服装量身定制生产已经成为国内外服装生产领域研究的重点，并将成为未来数字化服装生产的一个重要发展方向。

第四章　数字化服装技术的应用

数字化技术，是利用计算机技术将各种信息（如文字、图形、色彩、关系等）以数字形式在计算机中储存和运算，并以不同形式再次显示出来，或用数字形式发送给执行机构等。数字化技术集计算机图形学、人工智能、并行工程、网络技术、多媒体技术和虚拟现实等技术于一体，在虚拟的条件下对产品进行构思、设计、制造、测试和评价分析。它的显著特点之一是，利用存储在计算机内部的数字化模型来代替实物模型进行仿真、分析，从而提高产品在时间、质量、成本、服务和环境等多目标中的决策水平，与市场构成良好的快速反应机制，提高产品的设计精度和生产效率，达到全局优化和一次性开发成功的目的。

工业化和信息化技术的进步，促进了服装设计生产技术的发展。数字化时代为数字化技术和艺术提供了无限发展空间。所谓数字化产品就是以数字化技术为依托的产品。服装是数字化技术和艺术相结合的产品。艺术是科技进步的精神引导，科技进步是艺术持续发展的基础，服装只有将科技与艺术完美地结合才能进步、发展。计算机技术与互联网的普及在服装行业得到广泛应用，各种电脑控制的缝制系统、裁剪系统、自动吊挂系统以及服装CAD、APS（Advanced Planning System）服装计划排产等软件系统，使服装生产开始步入数字化和信息化时代。

应用于服装行业的数字化技术，按其基本特征可以分成三维测量成像技术、三维模拟与二维对应技术、图案色彩分解组合技术、平面图形处理技术、工业数据管理技术、执行机构操作流程控制技术以及网络信息传递技术等。三维人体测量涉及三维成像技术；制板、放码与排料CAD系统涉及平面图形处理技术；面料CAD系统、印花CAD系统、款式CAD系统不但涉及色彩处理技术，还与平面图形处理技术有关；切割裁剪CAM系统、缝纫吊挂CAM系统和整烫CAM系统涉及执行机构操作流程控制技术；生产经营销售管理系统涉及工业数据管理技术与网络信息传递技术等。可见数字化技术可应用于服装行业的信息采集和传递、产品设计、生产、营销等各个环节。

最早实现数字化技术的是服装计算机辅助设计（CAD），其应用开始于20世纪六七十年代。国外的服装CAD系统有美国格柏（Gerber）、法国力克（Lectra）、加拿大派特（PAD）、德国艾斯特（IST）、西班牙艾维（Investronica）、日本旭化成（Asahikasei）等。自2000年以来，国内的服装CAD技术发展迅猛，相继出现了不少服装CAD系统，如富怡（RichPeace）、布易（ET）、航天（Arisa）、日升天辰（NAC）、丝绸之路（SILK ROAD）、爱科（Echo）、至尊宝纺（Modasoft）等。截至目前，我国服装行业CAD应用普及率在15%左右❶，并且各大系统正朝着智能化、三维化和快速反应的方向发展，数字化服装技术的研究应用范围也在不断向企业资源计划（ERP）、产品生命周期管理（PLM）等方面进行研制开发和应用研究，从而最终实现服装的三维展示和虚拟试衣功能。

第一节　虚拟服装设计系统

虚拟服装展示设计改变了传统服装设计方法，利用计算机技术和交互技术实现服装面料和服饰的三维数字化设计和互动展示。虚拟服装设计使用3D虚拟交互技术，可以模拟样衣的制作过程和模特的试衣效果，设计师利用构建的面料库可以设计各种款式服装，并实时浏览模特的着装效果，大大缩短了成衣的生产周期和设计成本。由于面料结构的复杂性以及诸多外力的影响，使面料的三维真实感模拟变得十分复杂。另外，在虚拟环境中保持面料材质的真实感也对展示系统的设计和实现提出了更高要求。

一、虚拟现实技术

虚拟现实技术（Virtual Reality，VR）又称"灵境技术"，最早是由美国人杰伦·拉尼尔（Jaron Lanier）提出的。他是这样定义的："用计算机技术生成一个逼真的三维视觉、听觉、触觉或嗅觉的感观世界，让用户可以从自己的视点出发，利用技能和某些设备对这一虚拟世界客体进行浏览和交互考

---

❶ 李司琪. 模块化虚拟设计在服装定制中的应用［D］. 上海：东华大学，2020.

察。"❶虚拟现实技术是20世纪90年代被科学界和工程界所关注的技术。它的兴起，为人机交互界面的发展开创了新的研究领域；为智能工程的应用提供了新的界面工具；为各类工程的大规模数据可视化提供了新的描述方法。这种技术的特点在于，计算机产生一种人为虚拟的环境，这种虚拟的环境是通过计算机图形构成的三维空间，是把其他现实环境编制到计算机中去产生逼真的"虚拟环境"，从而使用户在视觉上产生一种真实环境的感觉。这种技术的应用，改进了人们利用计算机进行多工程数据处理的方式，尤其对大量抽象数据进行了处理；同时，它的应用可以带来巨大的经济效益。

虚拟现实是计算机模拟的三维环境，是一种可以创建和体验虚拟世界（Virtual World）的计算机系统。虚拟环境是由计算机生成的，它通过人的视觉、听觉、触觉等作用于用户，使之产生身临其境的感觉。它是一门涉及计算机、图像处理与模式识别、语音和音响处理、人工智能技术、传感与测量、仿真、微电子等的综合集成技术。用户可以通过计算机进入这个环境并能操纵系统中的对象与之交互。

虚拟现实技术包含以下几方面特点。

（1）多感知性。虚拟现实技术除了一般计算机技术所具有的视觉感知之外，还有听觉感知、力觉感知、触觉感知、运动感知，甚至包括味觉感知、嗅觉感知等。理想的虚拟现实技术应该具有一切人所具有的感知功能。由于相关技术，特别是传感技术的限制，目前虚拟现实技术所具有的感知功能仅限于视觉、听觉、力觉、触觉、运动等。

（2）浸没感。计算机产生一种人为虚拟的环境，这种虚拟的环境是通过计算机图形构成的三维数字模型，编制到计算机中产生逼真的"虚拟环境"，从而使用户在视觉上产生沉浸于虚拟环境的感觉。

（3）交互性。虚拟现实与通常CAD系统所产生的模型以及传统的三维动画是不同的，它不是一个静态的世界，而是一个开放、互动的环境。虚拟现实环境可以通过控制与监视装置影响使用者或被使用者。

（4）想象性。虚拟现实不仅是一个演示媒体，而且是一个设计工具。它以视觉形式反映了设计者的思想，把设计构思变成看得见的虚拟物体和环境，使以往只能借助图纸、沙盘的设计模式提升到数字化的所看即所得的完

---

❶ 凌红莲.数字化服装生产管理［M］.上海:东华大学出版社,2014.

美境界，大大提高了设计和规划的质量与效率。

美国是VR技术的发源地，其VR的水平代表着国际VR发展的水平。目前美国在该领域的基础研究主要集中在感知、用户界面、后台软件和硬件四个方面。在当前虚拟现实技术的研究与开发中，日本是居于领先水平的国家之一，其主要致力于建立大规模VR知识库的研究，另外在研究虚拟现实的游戏方面也做了很多工作。

在英国的VR开发中，特别是在分布并行处理、辅助设备（包括触觉反馈）设计和应用研究方面是领先的。到1991年底，英国已有从事VR的六个主要中心。

我国VR技术与一些发达国家相比，还有一定的差距，但已经引起政府有关部门和科学家们的高度重视。北京航空航天大学计算机系是国内最早进行VR研究的单位之一，其首先进行了一些基础知识方面的研究，并着重研究了虚拟环境中物体物理特性的表示与处理；在虚拟现实的视觉接口方面开发出了部分硬件，并提出了有关算法及实现方法，实现了分布式虚拟环境网络设计；建立了网上虚拟现实研究论坛，以及三维动态数据库，为飞行员训练的虚拟现实系统以及开发虚拟现实应用系统提供虚拟现实演示环境的开发平台，并将实现与有关单位的远程连接。浙江大学计算机辅助设计与图形学（CAD&CG）国家重点实验室开发出了一套桌面型虚拟建筑环境实时漫游系统，该系统采用了层面叠加的绘制技术和预消隐技术，实现了立体视觉，同时还提供了方便的交互工具，使整个系统的实时性和画面的真实感都达到了较高水平。四川大学计算机学院开发了一套基于开放图形库（OpenGL）的三维图形引擎Object-3D，该系统实现了在微机上使用Visual C++5.0语言，其主要特征是：采用面向对象机制与建模工具（如3DS MAX、MutiGen）相结合，对用户屏蔽一些底层图形操作；支持常用三维图形显示技术，如细节层次（LOD）技术等，支持动态剪裁技术，保持高效率。哈尔滨工业大学计算机系已成功地虚拟出了人的高级行为中特定人脸图像的合成，表情的合成和唇动的合成等技术问题，并正在研究人在说话时头部和手势动作、语音和语调等。

二、服装虚拟技术概述

计算机图形学研究的深入和数字化技术的高速发展，带动了我国服装产业的结构调整和技术升级，使虚拟技术的应用逐渐成为现代服装企业发展的重要特征。服装虚拟技术主要包含人体建模、服装建模、虚拟试衣以及虚拟展示等内容。服装虚拟技术旨在为设计师提供便捷的虚拟交互平台，合理简化设计流程，从而达到降低设计成本、提升设计效率的作用。服装虚拟技术的普及可以更好地保护产品的专利权，降低企业风险，在服装定制及数字化三维展示方面具有开创性和跨时代意义，具有广阔的应用前景。

服装虚拟技术对现代服装设计的影响主要有以下三方面。

一是对设计思维的影响。虚拟技术的应用革新了设计师的设计思路和理念，不仅要像平面二维设计一样对服装的正反面进行观察，而且要从整体到局部的关系入手，对服装进行全方位、多角度的审视和设计。充分依靠虚拟技术的优势使更多设计师的奇思妙想在作品中得以实现，更好地满足了消费者的多元化需求。

二是对设计手法的影响。设计师表现服装造型变化的手法更加多元，既可以从细节设计出发延伸到整体，又可以从整体着手细化到局部。从点至线、从线至面、从面至体，实现点、线、面、体四者的有机结合，使得服装的变化更加别出心裁，更好地塑造品牌形象。

三是对设计风格的影响。服装虚拟技术的便捷操作和丰富的视觉体验使得设计师的个性特征可以完整体现，打破烦冗的样衣制作环节，使各种天马行空的设计想法即刻落地，并以三维的形式加以呈现，更好地凸显了设计师别具一格的审美和独特的设计美学。

三、服装虚拟技术发展

服装虚拟技术始于20世纪80年代。在过去，设计师主要利用二维服装效果图来传递对整体服装的构思，此时的效果图更多的是体现设计师的设计意图。然后样板师利用效果图传递的信息进行制板和缝制，最后确认服装合体度良好并且设计理念传递无误后，再进行工业生产。在此过程中服装设计经历了两次不同维度的转变，即先是三维转变成二维，再从二维转变成三维的过程。第一次维度转变是三维服装在设计师的视网膜和头脑中形成的二维映像，而第二次转变是将二维图稿转变成三维服装的过程。然而这种传统设计方法显然无法适应网络化时代服装业变革的需求，一方面这种手工作业的方式不利于激发设计师的创造力，另一方面鉴于二维效果图自身维度的局限性，往往难以表现服装侧身及前后过渡中的设计美感。三维虚拟技术的诞生能帮助设计师综合思考服装款式的结构规律，并对虚拟服装进行测试和分析，从而缩短服装设计研发的投产时间，并降低企业风险。

如今，利用服装虚拟技术可以打破样衣制作环节周期时间长的限制，设计师在设计研发过程中可以利用虚拟展示的效果对细节进行修改，通过调整颜色、图案、面料、纹理等参数的设定来达到最优效果。

随着各项技术的不断深化与成熟以及5G技术的出现，"未来服装行业必将是数字化和智能化的两化融合局面"❶，虚拟技术的逐渐普及必然能够推动服装企业的产业升级。在电子商务高速发展的背景下，服装行业必然有以下发展趋势：第一，生产方式数字化；第二，设计方式智能化；第三，销售方式云平台化。可以预见，服装虚拟技术更契合当代消费者的需求，具有无限的发展前景。

四、数字化需求下的虚拟服装设计师

"数字"的概念源于拉丁语"digitalis"。20世纪中期，在信息科学领域，二进制成为数字计算机的主要逻辑，"数字"一词亦特指二进制数字系统。近年来，在网络大数据浪潮下，人工智能、区块链、物联网和机器人等新兴数字技术蓬勃发展，对传统的商业模式产生了深远影响。信息数字化打破了物理空间的限制，使每个人都能够拥有多重身份，在现实世界与虚拟世界自由切换。例如，人类在现实世界中由于个体差异而导致其对自我身份的不同认知，这种差异同样会体现在虚拟世界中，即人们在虚拟世界中也需要用数字化的需求来满足自身在其中的定位，用时尚、形象来展示自我，这种需求将会在数字化的虚拟世界中促使"虚拟创意"的崛起和爆发。2019年5月，由阿姆斯特丹数字时装品牌The Fabricant制作的全球首件虚拟服装"彩虹（Iridescence）"（图4-1）在纽约Ethereal Summit区块链拍卖会上以高达9500美元的价格成交，为完全独立的虚拟服装设计开创了新纪元。由于这件区块链服装在现实世界中并不以物理形式存在，该服装的模特Jaskowska并未真实地触碰过这件衣服。The Fabricant创意总监"Iridescence"的设计师Slooten

---

❶ 李司琪.模块化虚拟设计在服装定制中的应用［D］.上海：东华大学,2020.

认为"数字世界即将来临，新的信仰正在兴起，而我们不再囿于物理的空间"❶。以服饰为媒介的身份、政治、赋能、科技、虚拟与现实等议题正在自由地融合。

图4-1　全球第一件虚拟服装"彩虹（Iridescence）"

全球第一件虚拟服装的发展催生了虚拟服装设计师这一职业，虚拟服装设计师能够借助自身专业的审美和技术，通过"反向设计"的方式对现有服装进行三维虚拟设计，实现实体系列服装到虚拟服装模型的转换。这一新兴的未来职业逐渐受到传统服装品牌的关注，虚拟服装设计师Taylor与耐克、街头潮牌Off-White等运动、潮流品牌合作，借助三维建模软件模拟真实面料在人体运动时的物理效果，将服装的动态特性完美呈现出来。从"反向设计"过渡到三维虚拟技术引领实体产品的"正向设计"使设计边界逐渐模糊，这也是未来发展的趋势，三维虚拟设计技术将引发服装设计产业技术的变革。

在现实世界，时装行业与科技行业相比更加依赖历史、传承、手工技艺以及穿着体验等传统形式，难以获得颠覆式的改变。而虚拟数字化体验在灵活性和创造性等方面要远优于实体体验，从这一角度而言，虚拟数字化能够驱使时尚行业全面拥抱科技，各种数字化工具改变了人们的生活习性，技术的发展使人们更加依赖于社交网络。因此，服装产业必须致力于应对"后疫

❶ 于茜子.数字虚拟化时代下的服装设计创新与发展思路研究［J］.服装设计师,2022,248(11)：105-110.

情新常态"，而数字虚拟时装设计技术的发展将为服装产业节约可观的成本资源。

五、服装虚拟技术应用

（一）服装建模

服装虚拟是对特定服装进行三维建模的过程，服装模拟以对柔性织物的仿真研究为基础，对织物进行仿真模拟。对于织物的仿真模拟主要有物理建模法、几何建模法以及两者相结合的混合建模法。物理建模中最常用的模型是质点—弹簧模型，其优点在于模拟真实性好，能直观调试服装的质感与悬垂，尤其是质点组成的粒子距离越小，模拟效果越好，其缺点是由于模型复杂往往计算速度较慢；几何建模法的优势在于其高效性，缺点是数学模型只能表现布料的凹凸而无法体现面料的物理特征；混合模拟法以人体和服装的距离为依据，距离大的采用物理模拟法驱动，距离小的采用几何模拟法驱动。目前，服装模拟应用最广泛的方法是物理模拟法。随着科技信息的发展，各大服装企业都积累了大量的数据沉淀，同时人工智能热潮的兴起，带动了数据驱动技术在虚拟服装领域的应用。这种方法的重点在于量化服装的形变信息，通过机器学习的方式对量化数据进行处理，从而获取有关形变的服装预测模型，以达到未来服装模型模拟实时化的目的。

（二）服装试衣功能

服装虚拟试衣依据三维数据构建人体三维空间模型，利用计算机的虚拟拼接操作使服装衣片模型结合起来，使消费者能够依据自己的喜好便捷地更换服装款式，实现二维"服装"和三维"人体"的有效结合，并通过在计算机上形成映射来达到立体的模拟试穿效果。服装虚拟试衣的主要过程是二维裁片的虚拟模拟和缝合、裁片与虚拟人体的碰撞检测，以及对三维服装运动形变进行约束控制。其中，二维裁片的虚拟缝合是实现虚拟试衣的关键环节，利用缝合的技术手段实现二维到三维服装的转换，并通过循环操作得到的大量样板最终形成样板库。样板缝合的质量将直接影响设计师对服装造型的判断。

虚拟试衣具体的操作包括：

（1）整理并放置样板。导入二维服装CAD样板，按照版片上显示的相关信息依据部位进行整理，并根据三维模特的关键点合理放置版片。

（2）样板虚拟缝合。利用缝纫工具按照实际缝纫的方法对侧缝、肩线等部位进行虚拟缝合，但要注意缝纫的前后顺序。

（3）模拟并调整。执行模拟命令使得三维虚拟窗口呈现虚拟服装效果，设计师通过试穿效果判断是否满足设计要求，若不满足，则对二维版片窗口加以调整，三维虚拟窗口会自行联动实现同步修改。同时，设计师也可直接对二维版片的装饰线、分割线等进行调整设计以实现款式的快速研发。

实现虚拟试衣功能需要较多的关键技术作支撑，需设置相应的模块来满足客户端和服务器的需求。客户端需要服装号型调整模块和仿真模块等，而服务器则需要建立体型、服装以及背景等相关数据库。故需根据虚拟试衣系统的类别采用相应的方式来实现，主流的实现方式主要有安卓（Android）平台的虚拟试衣系统、Kinect的虚拟试衣系统、草图虚拟试衣系统等。

以Kinect为技术支撑的虚拟试衣系统具备良好的追踪功能，通过识别控制着装者骨骼活动的关键点建立相应的骨骼模型，具备速度快、精度高等特性。智能手机良好的普及性和便捷性带动了Android平台的发展，Android平台的试衣系统主要通过顾客的身体和面部特征数据建立虚拟模型。从而将服装叠加到虚拟模特身上实现试衣效果。目前主流的试衣App有和炫试衣、好买衣以及优衣库虚拟试衣间等。基于草图的虚拟试衣系统可以满足设计师将草图直接转变为三维试衣效果的需求，减少从草图到成衣的制作环节。例如，蒋娟芬等利用不同维度之间的坐标转换，提出了手绘线条的拟合办法，实现了二维图稿向三维模型界面的转变。

（三）服装展示功能

服装虚拟展示是基于设计师进行设计开发和陈列人员的陈展需要，综合运用计算机科学及设计学等学科领域的知识，建立服装数字化采样系统，并依照所设定样衣的尺寸，最终生成三维服装虚拟展示效果的过程。合理地使用虚拟展示功能可以高质、高效地完成对虚拟服装的完美呈现，不仅能全方位地展现虚拟服装的细节，还能在信息网络技术的支持下真正实现协同设计。

服装的合体性是检验服装设计质量高低的重要评判标准。通过360°全方位的展示，设计师可以便捷地找出其中的不足并及时给予修正和优化。同时运用姿态丰富的人体模型进行多次服装展示，可以有效判断作品中的纹理褶皱等细节，更好地控制设计质量。除了多角度展示以外，设计师还可以通过动态展示的方法演示设计作品，其突出优势在于能够更细致地表现面料本身的质感和悬垂性，分析服装是否满足人体运动舒适性的需要。此外，由于虚拟动态展示合理避免了空间和背景的限制，可以为服装企业节省大量的支出，如利用动态展示可以模拟T台表演，以及进行空中时装发布会等。同时缩短了产品的设计研发周期，提升了企业的经济效益。

如今服装虚拟展示系统正朝着智能化、标准化及网络化的方向发展，主要具备以下特征。

（1）工具简易化。服装虚拟展示系统为用户提供了简单易用的工具，降低了用户的使用和理解难度。同时多元化的功能极大丰富了用户的体验，使虚拟场景和服装的仿真性能更强大，从而提升用户与产品间的黏度。

（2）模型参数化。参数化的人体模型有利于有效提升三维人体模型的生成效率，并保证调用模型的精确性。

（3）部件标准化。将常用的服装零部件标准化，可以使设计更加简洁高效，同时有利于激发设计师的设计灵感，为服装设计研发增添更多乐趣和创意。

目前，许多大型服装企业纷纷推出虚拟展示系统来提升产品的附加值。如美国Mysuit品牌推出的高定西服套装虚拟展示系统，客户可以自行选择经典或休闲款式进行定制，还可以对款式部件如领型类别、口袋种类、面料属性、是否开衩等进行筛选，并比较服装虚拟展示效果最终获得中意的专属服装。同时国内服装品牌，如青岛酷特等，也开发了相应的虚拟展示技术，其服装定制过程是客户基于虚拟展示的具体效果进行协同设计的过程，客户可以交互式地选择想要的款式和布料等设计元素，从而有效提升客户的满意度。因此，专注于提升虚拟展示系统的仿真性能，有助于增加客户在线设计服务的体验。

第二节　三维服装设计系统

一、三维人体测量技术

人体测量是通过测量人体各部位尺寸来确定个体之间和群体之间在人体

尺寸上的差别，用以研究人的形态特征，为产品设计、人体工程、人类学、医学等领域的研究提供人体体型资料。在服装行业，作为服装人体工学重要分支，人体测量是十分重要的基础性工作。

首先，人体测量为服装的合体性提供了基础数据支持，这些数据将支持我国大规模人体数据库的建立，为服装号型标准的制订提供依据。

其次，人体测量为服装功能性研究提供依据。例如，服装对人体体表的压迫度、伴随运动产生的体型变化及皮肤的伸缩等方面的研究，会直接影响人体着装舒适性，因此必须依赖于精确的人体尺寸数据。

传统的人体测量使用软尺、人体测高仪、角度计、测距计、手动操作的连杆式三维数字化仪等作为主要测量工具，依据测量基准对人体进行接触测量，可以直接获得较细致的人体数据。但这些方法都属于接触式测量，在被测者的舒适性与测量的精确度方面还存在许多问题。例如，异性接触测量、疲劳测量给测量工作造成影响；人体是弹性活体，传统的手工接触式测量很难获得真实准确的数据，且测量时容易受被测者和测量者的主观影响而造成误差。同时，人体表面具有复杂的形状，传统的测量方法无法进行更深入的研究，亦不利于计算机对人体的三维模拟，对人体测量的信息化也产生了影响。此外，现有手工测量人体尺寸的方式也无法快速准确地进行大量人体的测量，这不仅阻碍了服装工业的顺利发展和成衣率的提高，也不利于快速准确地制定服装号型标准。

纵观当前世界服装业的发展，服装结构从平面裁剪转向立体裁剪，设计由二维向三维发展，定制服装的发展已成为世界服装业发展的重要趋势，服装设计的立体化、个性化和时装化成为当今的潮流，合身裁剪的概念已成为新一代服装供应的指导性策略。服装业要增强自身竞争力，必须转向合身裁剪，这样准确、快速的三维人体测量就显得尤为重要。

（一）三维人体测量的主要方法

近20年来，美国、英国、德国、法国和日本等服装业发达的国家都相继研制了一系列的测量系统。其中具有代表性的有以下几个。

（1）英国的拉夫堡大学的人体影子扫描仪"LASS"，是以三角测量学为基础的电脑自动化三维测量系统。被测者站在一个可旋转360°的平台上，背景光源穿过轴心的垂直面射到人体上，用一组摄像机同时对人体进行摄影，通过人体表面光线的横切面形状及大小转化的曲线计算人体模型。

（2）法国的SYMCA DTurbo Flash/3D是三维人体扫描系统，该扫描系统由一个小的用光照亮墙壁的封闭房间、一个摄像机和一个计算机组成。被测对象进入房间后脱去衣服，只穿内衣站在照亮的墙壁前。系统拍摄下被测对象的三个不同姿势：手臂稍微离开身体面向摄像机、侧向摄像机笔直站立和面向墙壁。在形成的图像上进行扫描、计算后，系统能产生70个精确的人体尺寸。该系统测量数据可以和服装CAD系统结合使用。

（3）美国纺织服装技术公司（Ⅳ）的白光相位测量法，利用白光光源投射的正弦曲线影像合并而得到全面人体三维形态。它使用一个相位测量面（PMP）技术，生产了一系列的扫描仪，如2T4、2T4s等。每个系统使用6个静止的表面传感器。单个传感器捕获人体表面片段范围的信号，扫描时间不足6s。当所有传感器组合起来，形成一个可用于服装生产的身体关键性区域的混合表面，每个传感器和每个光栅获得四幅图像。PMP方法的过渡产物是所有6个视图的数据云。这种信息可用于计算3D身体尺寸，最后可获得带有身体图像和测量结果的打印报表。它采用白光光源，对人体没有任何伤害。

（4）Triform Body Scanner是英国Wicks和Wilson公司的非接触三维图像捕捉系统，它是利用卤素灯泡作为光源的白光扫描系统。被测者根据自己意愿穿着薄型合体服装或者内衣，然后一系列的带波纹的白光束投射到人体上，摄像机捕捉多个人体图像，并将其转化为三维的有色点阵云，看起来像物体的照片。

（5）美国的"Hamamatsu"人体线性扫描系统使用红外发射二极管得到扫描数据。这一系统利用较少的标记便可以提取三维人体数据，而且错漏的数据较少。光源从发射镜头以脉冲的形式产生，由物体反射后，由探测器镜头收集。探测器镜头是圆柱形镜头和球形透镜的组合，能在位置灵敏探测器（PSD）上产生一片光柱，用于确定大量像素的中心位置，人体尺寸由一个特殊的尺寸装置从三维点云中析取。

（6）美国Cyberware全身彩色3D扫描仪主要由Digi Size软件系统（Models WB4和Model WBX）构成，它能够测量、排列、分析、存储、管理扫描数据。扫描时间只需几秒到十几秒，整个扫描参数的设置及扫描过程全部由软件控制。这种方法将一束光从激光二极管发射到被扫描体表面，然后使用一个镜面组合从两个位置同时取景。从一个角度取景时，激光条纹因物体的形状而产生形变，传感器记录这些形变，产生人体的数字图像。当扫描头沿着扫描高度空间上下移动时，定位在四个扫描头内的照相机记录人体表面信息。最后将每个扫描头得到的分离数据文件在软件中合并，产生一个全方位的RGB彩色人体图像，即可用三角测量法得到相关数据。

（7）TecMath是一家以德国为基地的科研公司，致力于人体模拟、数字化媒体的研究。它开发了一个全自动非接触式的测量运算方法来获取人体测量数据，这种三维人体扫描机是便携式的，可以摄取人体的不同姿势，特制摄像机则放在四支二极管激光绕射光源前面，准确度是1cm之内。经电脑检测的数据也可输送到电脑辅助设计系统，用于合身纸样的自动生成。

（8）VOXELAN是Hamano的一种用安全激光扫描人体的非接触式光学三维扫描系统。它最初由日本长野工业株式会社（NKK）研制，1990年由Hamano转接。VOXELAN：HEV–1800HSV用于全身人体测量；VOXELAN：HEC–300DS用于表面描述；VOXELAN：HEV–50s用于测量缩量。其可以提供非常精确的信息，分辨率范围从相对于全身的0.8mm到相对缩量的0.02mm。

（9）法国的Lectra公司专为服装行业研制开发的Vitus Smart三维人体扫描仪，由四个柱子的模块系统组成，每个柱子上有2个CCD照相机和1个激光器（Class Ⅰ）。扫描时，人体以正常的向上姿势站立，系统捕捉人体表面，并在电脑内产生一个高度精确的三维图像，被称为被扫描人的"数码双胞胎"。根据所需的解决方案，扫描时间可以在8~20s调整完成。

（10）采用固定光源技术的CubiCam人体三维扫描系统是由香港理工大学纺织与制衣学系研制的，其运用大范围的光学设计能够在较短距离内获取高分辨率的图像。这种扫描系统在普通室内光源环境下就能操作，特别适合服装行业。特别是其获取图像的时间不足1s，因此它又特别适合扫描人体，尤其是儿童。与其他光学方法所具有的局限性一样，它需要一种白色的光滑表面来进行人体自动测量。

以上这些系统大多基于三维人体扫描技术，其工作原理都是以非接触的光学测量为基础，使用视觉设备来捕获人体外形，通过系统软件来提取扫描数据。其工作流程分为以下四个步骤。

①通过机械运动的光源照射来扫描物体。

②通过CCD摄像头探测来自扫描物体的反射图像。

③通过反射图像计算人与摄像头的距离。

④通过软件系统转换距离数据产生三维图像。

为了使人体测量数据捕捉过程可视化，其系统需要多个光源和视觉捕获设备、软件系统、计算机系统和监视屏幕等，有的还需要暗室操作，因此由这些方法研制的量体系统往往结构复杂、体积庞大、成本较高、安装复杂、占用空间大，故只在很少的情况下使用。

我国在20世纪80年代中后期在一些高等院校和研究所进行这方面的研究，主要有总后军需装备研究所和北京服装学院共同研制的人体尺寸测量系统、西安交通大学激光与红外应用研究所的光电人体尺寸测量及服装设计系统、长庚大学和台湾清华大学等院校和企业联合进行的非接触式人体测量技术和台湾人体数据库的研究、天津工业大学研制的便携式非接触式量体系统等。但这些系统存在结构庞大复杂、数据采集与计算量很大、标定过程烦琐等缺点，同时操作不便、成本较高和准确性差使这些系统在商业化推广中受到严重限制。

（二）三维人体测量技术的应用

1.大规模人体体型普查

使用传统的测量方法进行人体体型普查，其效率较低，同时由于传统测量方法各方面的弊端，使测量精度降低，进而影响统计分析结果的可靠性。采用计算机辅助测量系统，可准确、快捷地获取人体各结构部位的尺寸。

2.量身定制服装

包括单件定制和批量定制，正是由于计算机辅助人体测量技术的出现，才使得量身定制尤其是大批量定制服装成为可能。

3.电脑试衣

大型服装商场配置一台测量系统，可进行电脑试衣，避免了顾客反复试衣、反复挑选服装的麻烦。即通过人体测量系统迅速测量出顾客的尺寸数据，确定顾客所穿服装的尺寸规格，同时建立顾客的三维模型，在电脑中进行服装试穿，直到顾客满意为止。

4.三维服装CAD的基础

目前二维服装CAD技术相对成熟，而三维服装CAD技术正在研制开发中。其中三维人体测量技术是三维服装CAD技术的研究基础。

（三）发展三维人体测量的重要意义

1.三维人体测量技术提高了人体测量的精准性

服装合体性包括人体长、宽、厚的三维合体性，例如工业和教学用的人台就是通过对大量人体的观察、计测、体型分类和比例推算而得。不同的人体体型存在很大的差异。以成年女性为例，即使在胸围、腰围、臀围等基本尺寸相同的条件下，也会有完全不同的体型，诸如在人体姿态、脊背曲线、臀位高低、胸部形状、腿型等方面都会有差异。传统的接触式测量无法识别人体体态变化，如曲线、线条的形状走势等，因此无法满足服装生产的合体要求。而非接触测量在这一点占据优势，它可以通过扫描图像识别，得到人体表面的三维空间数据，满足上述要求。

2.三维人体测量更加适应现代化服装工业发展的步伐

当今，对于服装和纺织行业来说，计算机辅助设计（CAD）和计算机辅助生产（CAM）这两个术语已成为变革的代名词。20世纪70年代以来，计算机技术在改进生产流程方面发挥了重要作用。近年来，服装行业利用CAD/CAM技术，进一步探索产品设计与展示的新方法。当今服装市场对品种、质量及款式方面要求越来越高，为此每个服装企业都力求对这一市场需求做出快速反应，而互联网（Internet）、产品数据管理（PDM）、网络数据库、电子商务等新技术的飞速发展将改变现有服装设计生产以及运营模式，使实现快速服装个性化定制成为可能。

最初的量身订制源自"Custom-Made"一词，也称手缝制服，在保证了服装的合体性和舒适性的前提下，也满足了消费者的个性化要求，但是消费群体始终是小部分人群。而工业化量身定制系统（Made-to-Measure，MTM）能够弥补这方面的空缺，将服装产品重组以及服装生产过程重组转化为批量生产，有机地结合了"Custom-Made"的适体与"Ready-to-Wear"低成本的优势。其具体生产方式是由三维人体测量获得个体三维尺寸，通过电子订单传输到生产部CAD系统，自动生成样板，进入裁床形成衣片，最终进入吊挂缝制生产系统的快速反应生产方式。对客户而言，所得到的服装是定制的、个性化的；对生产厂家而言，是采用批量生产方式制造成熟产品。因此，MTM生产方式解决了成衣个性化与加工工艺工业化的矛盾，成为最适应时代发展的服装业运行新模式。MTM生产以高效生产、营销和服务为手段追求最低生产成本，用足够多的变化和定制化使用户实现个性化，最终使企业快速、柔性地实现企业供应链间的竞争。

3.基于三维人体测量的三维服装 CAD 在服装设计、生产与销售等环节中都显示出前所未有的潜力

在服装设计方面，三维服装 CAD 根据人体测量数据模拟出人体，在虚拟人台或人体模型基础上，进行交互式立体设计，结合人模用线勾勒出服装的外形和结构线并填充面料，使服装设计更直观、更切合主题。同时，三维服装 CAD 可虚拟展示着装状态，模拟不同材质面料的性能（如悬垂效果等），实现虚拟的购物试穿过程。

在服装结构设计与生产方面，首先由自动人体测量系统获得客户精确的尺码数据，通过网络传输到服装 CAD 系统，系统再根据相应的尺码数据和客户对服装款式的选择，在样板库中找到匹配的样板，最终进行系统的快速生产。例如，德国 TechMath 公司 Fitnet 软件系统从获取数据到衣片完成、输出时间仅需 8s。

在服装展示方面，应用模型动画模拟时装发布会进行网上时装表演，减少了表演费用。时装发布会的网络传输，使得更多人能够观赏，对于传播时尚信息也有非常重要的作用。

三维人体测量弥补了传统手工人体测量的不足，为三维服装 CAD 技术——从三维人体建模、三维服装设计、三维裁剪缝合到三维服装虚拟展示的全过程提供基础数据支持。

二、三维人体及服装建模技术

（一）三维人体建模技术

现今主流的三维人体建模技术包括利用人体比例规律性的参数化人体建模法、基于三维扫描技术的人体建模法、基于图像序列的人体建模法，以及基于三维建模软件的人体建模法。

其中，参数化人体建模法依赖于某个基于统计得到的参数模型，仅需要一组低维人体参数即可输出相应的人体三维模型，其操作简单、便于普及，是非常重要的人体建模手段，商用虚拟试衣软件中的模特编辑功能大多基于该方法。随着计算机视觉的不断发展，以及机器学习技术的引入，出现了

SCAPE、SMPL、SMPL-X等精度高且速度快的参数化人体模型。但该技术难以对特殊体态，如脊柱侧弯等人群，进行建模。基于三维扫描技术的人体建模法高效快捷、精确较高，但成本高昂且需要对遮挡部位进行填补运算；基于图像序列的人体建模法设备搭建成本较低，但精度不高，在虚拟试衣间的普及的过程中有一定的价值；而基于三维建模软件的人体建模法所得到的人体模型通用性较差，在服装领域应用较少。

（二）三维服装建模技术

三维服装建模技术是三维虚拟试衣技术的核心，而织物模拟与服装展示是整个建模过程中的难点与关键。对于织物的模拟主要有几何模拟与物理模拟两种方法，以及结合上述两种方法的混合模拟法。常见的商用虚拟试衣软件大多采用较为成熟的混合模拟法，该方法基于粒子模型，结合几何模拟法以及物理模拟法，得到了高效快速且能展示物理性质的虚拟模型。在服装展示层面，通常采用碰撞检测来界定服装与人体之间的空间关系。经过多年发展，碰撞检测在包围体种类、层次构造以及自碰撞处理等方面有所突破，使得虚拟服装与人体、虚拟服装面料之间的碰撞检测效率和精度不断提高。

三、三维试衣技术

（一）三维虚拟试衣技术概述

三维虚拟试衣技术是一种利用计算机在生成的三维人体模型的基础上，将二维服装样板转化为三维立体服装模型的技术，其综合利用了计算机图形学、服装工程学、人体工学等领域的知识。三维虚拟技术的应用前景十分广泛，涉及服装行业的结构设计与性能评价、销售与展示等环节，因而近年来三维虚拟试衣技术成为服装领域的研究热点。

在服装设计与性能评价方面，企业利用三维虚拟试衣技术可以大大减少服装开发的成本。在服装营销方面，结合增强现实技术（AR）以及虚拟现实技术（VR）可以给消费者提供沉浸式的虚拟试衣体验，实现包括快速换装、动态及静态服装展示等重要功能，进而降低线上购物的退换货概率。

就三维虚拟试衣技术的构成而言，主要包括三维人体测量技术、三维人体建模技术以及三维服装建模技术三大部分，这三部分相互作用，共同决定了最终的模拟效果。其中，三维人体测量技术为三维人体建模提供了重要的数据基础，只有在三维人体测量环节达到一定的精度，才能生成足够精确的三维人体模型，进行一系列三维虚拟试衣活动；而三维人体建模技术则为三维服装的展示提供了数字化的虚拟人台，实现将三维虚拟服装"穿着"在虚拟人台上展示。

三维虚拟试衣系统是根据不同的使用场景和使用流程，基于三维虚拟试衣技术所开发的能够满足不同使用需求的软件集合。因此，在生成和研究虚拟服装的过程中采用三维虚拟试衣系统，本质上是对三维虚拟试衣技术的利用。目前国际上已经有一大批优秀可靠的商业化三维虚拟试衣软件，并被国内外高校、服装公司、研究机构所采用。例如，美国的Vstitcher和Optite、韩国的Clo3D、中国的Style3D，以及法国的Lectra Modaris。

（二）三维虚拟试衣技术在服装设计方面的应用

随着计算机CPU以及GPU计算力指数的增长，三维虚拟试衣逐渐成为各大服装企业及科研团队开发生产中的重要一环，而"设计—展示—评价—修正"的开发模式也逐渐变得完善和高效。下面主要介绍三维虚拟试衣技术在款式结构设计、图案设计中的应用，以及以客户为中心的模块化协同设计这一新兴设计模式。

1.结构设计

三维虚拟试衣技术最早用于服装结构的辅助设计中，至今已有数十年。如今，三维虚拟试衣技术在服装结构设计中的应用已经不仅仅局限于单件服装层面，而是对某一品类的服装或部件进行解构、拆分，最后得到结构设计理论，并以此指导结构设计。利用三维虚拟试衣技术，通过对三维服装模型反演得到平面样板能够极大地提升服装的结构设计效率。

三维虚拟试衣技术还为针对特殊体态或特种职业人群的服装结构设计提供了便利条件，可以大大减少特种职业服的开发成本，通过三维虚拟试衣技术，在不规则的人体上进行服装建模，并将三维服装展开为二维版片，规避了与人体直接接触，充分保护了特定人群的隐私和尊严。❶

---

❶ 薛萧昱,何佳臻,王敏.三维虚拟试衣技术在服装设计与性能评价中的应用进展[J].现代纺织技术,2023,31(2):12-22.

2.图案设计

传统的纺织服装行业，机织面料设计与服装设计是相对独立的两个环节。通常而言，机织面料的批量生产要比服装生产提前近6个月，服装设计往往受限于面料图案。三维虚拟试衣技术的出现扭转了这种织物与服装的设计流程，提升了服装图案设计的效率。利用三维虚拟试衣技术，能够直接在三维服装上进行图案设计并将图案以数码印花的方式转印到衣片上。这种新颖的图案设计方式可以避免在裁片时为了对齐图案而导致的面料浪费。除此之外，由这种技术制成的服装在缝份处的图案也具有良好的连续性，使得服装观感上的整体性得以大幅提升。对于服装而言，图案的形成与服装的织造是同步的，因此需事先确定图案的样式、位置、大小等设计要素。通过在三维虚拟试衣系统中对2D图案进行3D展示，可以有效降低设计师在进行图案设计时，对图案的形态、尺寸、组合形式，以及整体效果上的不确定性，为传统服装的图案设计提供了新思路。

3.以客户为中心的模块化协同设计

服装的模块化设计是通过将服装中的关键要素进行枚举，从而形成具有兼容性的子系统组件，通过组合组件得到具有全新设计要素的服装的一种设计方式。以客户为中心的模块化协同设计在利用模块化设计的同时，以个性化定制为目标，并结合交互式设计模式，为客户、设计师和评估专家三者提供沟通平台，使其能够协同完成设计，生产出令客户满意的产品。

三维虚拟试衣技术能很好地支持以客户为中心的模块化协同服装设计，其最主要的功能是实时展示协同设计的服装模块以及穿着效果。

将人工智能应用于服装的模块化协同设计进一步降低了服装设计的门槛，使得没有相关技术的非专业人员也能够参与到个性化定制的过程中。人工智能在服装设计上的潜在价值需要同时具备科学的算法以及足量的数据训练才能够更好发挥。❶

（三）三维虚拟试衣技术在服装性能评价中的应用

1.服装美观性评价

在对虚拟服装进行展示的同时还伴随着对其美观性的评价。服装的美观

---

❶ 薛萧昱,何佳臻,王敏.三维虚拟试衣技术在服装设计与性能评价中的应用进展[J].现代纺织技术,2023,31(2):12-22.

性是服装带给人审美享受的性质，通过提升服装的美观性，使其符合消费者审美需求，是服装设计与评价中的必要环节。三维服装模型能够对服装的款式结构、悬垂性、图案颜色搭配、织物组织以及表面纹理等进行展示，从而使评价者得以开展美观性评价。其中，对于款式、色彩以及图案的评价大多采用主观评价，而对于悬垂性则有明确的客观评价方法。对服装进行准确的悬垂性评价的前提是对虚拟织物进行准确的悬垂性模拟，目前已有大量此类研究。

测量虚拟服装悬垂性所采用的方法与真实织物悬垂系数测量方法相同，即投影法。选取适当的截面而对服装的任意局部的悬垂性进行分析，从而提升评价效率和精度。但总体而言，对服装悬垂性的评价极大程度上依赖于织物悬垂性的模拟精度，因而其评价的有效性是随织物模拟的精度提升而升高的。

2.服装合体性评价

在虚拟服装合体性评价方面，研究者通常会先采集人体关键点处的服装压数据以及人体的关键尺寸，随后建立其与主观服装合体性之间的关系，进而采用数学模型构建合体性评估模型，通过这样的方式建立起客观数值与主观合体性评估的联系。此外，机器学习、人工智能技术的普及也为虚拟服装合体性评价注入了新鲜血液，推动着虚拟服装评价不断智能化。

从输入参数层面来看，当仅以一种参数作为输入量时，服装压的预测可靠性要高于服装松量。服装的松量更适合用于评价紧身类服装的合体性，而服装压在对不同款式服装的合体性评价时都有良好的兼容性。而当能够输入多个参数时，并没有明显的证据能够表明，输入的参数种类越多，模型的预测结果就越精确。

从预测模型算法层面来看，神经网络，包括卷积神经网络、BP神经网络，以及概论神经网络在不同的对照实验中的预测准确率在87%～100%。贝叶斯模型的精度在80%以上，而径向基神经网络的预测准确率稳定性较差，标准差高于其他几种预测模型。

3.服装压力舒适性评价

服装对人体产生的压力是影响服装舒适性的主要因素之一，三维虚拟试衣软件能够较为准确地显示虚拟服装对人体各部位的压力以及服装应力，相较于传统的服装压力和应力测量方法，有着成本低、速度快、操作简便以及稳定性高等优势。在利用三维虚拟试衣技术对虚拟服装进行压力舒适性评价时，往往会选用关键点的服装应力、服装压力等作为量化的指标进行客观评价。同时，随着三维虚拟试衣软件的不断优化，对服装压力舒适性的评价逐渐由单一姿态转向不同姿态下的压力评价。研究人员能够针对服装使用对象的作业特点，在三维虚拟试衣软件中模拟目标人群的常见姿势，提取不同姿势下的关键点压力数据用于优化新型服装的结构，以使其获得更好的压力舒适性。

4.服装热湿舒适性研究

服装的衣下空气层厚度是另一个能够反映服装和人体之间空间关系的重要指标，被广泛应用于服装热湿舒适性评价。此前已有学者对三维虚拟试衣技术模拟衣下空气层厚度的准确性进行了实证性研究，认为静态以及动态三维虚拟试衣对衣下空气层厚度模拟的准确性足以用于服装热湿舒适性评价。近年来，部分研究利用三维虚拟试衣系统获得目标服装的衣下空气层厚度分布，再将其输入CFD或NHT模拟系统中，完成了对服装热湿传递的相关研究。

（四）现有三维虚拟试衣系统的弊端

1.缺少对人体软组织的模拟

由于压缩服、紧身服以及贴身服装的服装压与人体软组织弹性高度相关，而虚拟试衣软件中的虚拟人体是刚体，无法反映人体软组织与弹性面料之间的相互作用，与真实情况不符的模拟结果导致了评价人员对服装合体性的误判。

2.缺少对服装缝线处的受力模拟

现有的三维虚拟试衣软件对缝线的模拟仅仅停留在外观层面，虽然能够通过调节线迹外观反映工艺对服装美观性的影响，但并没有对缝线的物理状态进行模拟。由于虚拟缝合对缝线的力学模拟存在缺陷，无法反映面料在缝线处的受力情况，导致服装压模拟出现显著异常。目前对于虚拟缝纫的研究依然停留在提升其模拟精度与速度的层面，尚未触及对于缝线在面料间的作用力的模拟上。

第三节 计算机辅助服装设计系统

服装在国家标准中的定义是指对人体起到装饰、保护作用的产品，泛指衣服。伴随着社会的不断发展，服装已经由传统遮体效用的必需品，逐渐向功能化方向转变，通过服装可以看出一个人的生活态度、个人魅力等，这也间接加大了服装的设计难度。但传统服装设计中存在技术凸显不足、工艺融合性低、元素渗透力不强等特点，造成服装设计难以满足用户的需求。在计算机辅助设计的支持下，可依托于信息技术、虚拟技术等，对服装进行不同层面的设计，且可通过数据信息的映射界定出不同群体对于服装的满意度，提升服装设计质量。

一、传统服装设计中存在的问题

（一）技术凸显不足

服装设计体系中，主要是以设计灵感为主，整个信息技术并未能得以利用，这将令整个设计理念局限于传统设计思维中，无法实现传统服装设计与现代化接轨，难以深度彰显技术价值。当传统服装设计与现代化设计理念相冲突时，将无法令现有的服装设计体现出时代感，产生此类问题的原因主要在于设计人员对现代化技术的不认可，未能充分了解到计算机辅助设计在现代服务设计中的重要性，在一定程度上阻碍了服装设计行业的发展。

（二）工艺融合性低

服装作为人们日常生活与工作中的重要产品，在社会多元时代的背景下，其功能性、观赏性的比例逐渐加大，在不同工艺理念的融合下，服装产品也逐渐彰显出多元化价值，以增强顾客对服装的认可度。但从工艺渗透形式来看，其在服装艺术发展趋势中呈现一定的滞后性，令服装产品显得老套、呆板，降低了服装产品的审美价值。

（三）元素渗透力不强

文化元素的渗透可为服装产品提供设计理念，且以服装为载体对传统文化进行弘扬，可对人们起到宏观导控的作用，增强文化自信力。在服装设计中融合文化元素，可"有效增强服装的审美价值，提高服装产品的辨识度"[1]。但在传统服装设计体系中，传统文化、时代文化的导入度较低，部分

---

[1] 朱丽萍. 计算机辅助设计在服装设计中的应用探索［J］. 轻纺工业与技术，2020,49(12)：172–173.

元素的呈现形式较为单一，令服装产品难以发挥其应有的观赏价值、功能价值等。从根本原因来看，是在服装设计中文化元素渗透路径与设计理念呈现出一定的错位现象，限制了服装产品的设计思路。因未能充分利用计算机辅助设计，造成服装产品设计难以正确与时代设计理念相融合，令现有服装产品难以发挥出实际价值效用。

二、计算机辅助设计在服装设计中的意义

（一）提高工作效率

传统的服装设计方式依赖于手绘，在制图时需要对大量地方进行填色，会耗费设计师大量的时间和精力，设计效率较低，绘制的精准度也不能保证。另外，传统绘制多使用纸质，保存方法有限，不方便后期的查找和修改，容易出现遗失等情况，难以长期保存。相比传统方式，计算机辅助设计展现了更多的优越性，设计师可以将设计图片和素材等内容上传到计算机中，计算机中的检索功能可以实现快速查找，提高工作效率。计算机辅助设计中还具有更为丰富的颜色，可以突破颜料对设计的限制，让服装设计展现更多的颜色，提升人们的审美体验。设计师可以利用多种颜色的花样进行大胆的搭配设计，展现自己的艺术想象力，发挥自己的艺术创造力，激发出更多的设计灵感。

（二）缩短设计周期

传统的服装设计需要很多的步骤才能够实现服装的开发，往往需要很长的时间，新产品的开发速度比较慢。运用计算机辅助设计能够缩短设计周期，提升开发速度，让新产品更快投入市场中。计算机辅助设计的复制、修改等功能能够实现服装款式和配色方案的反复修改和调整，直到设计师满意，达到最好的设计效果。运用计算机辅助设计能够节省修改的时间，提升设计和开发的速度，从而让新设计的服装更快投入市场，掌握更多的市场主动权，提升服装设计企业的市场竞争力，满足人们多变的服装审美需求。

（三）实现面料的最佳选择

服装面料是服装设计的重要部分，不同的面料影响着服装的质感，会产生不同的审美效果。计算机辅助技术能够帮助设计人员选择面料，让设计人

员按照自己的设计思路挑选面料，还能选择适合的面料图案。设计师可以运用扫描技术，通过计算机技术将扫描到的设计图转换为数字文件，并根据实际需要挑选出符合设计理念的服装面料，从而较好地展现设计效果。

（四）服装结构更理想

服装结构影响着人们的穿衣感受。传统的服装设计通过人工测量来获得人们的身体特征，从而设计出符合人体的服装。计算机辅助设计可以用技术手段实现人体测量，确定服装中的各项数据，确定符合人体的服装型号，从而让服装更符合人体特点，让人们拥有更好的穿衣体验。设计师还可以运用计算机辅助设计进行服装的样板设计，在服装的实际加工生产中，设计师可以利用计算机辅助设计选择适合的板式，先让模特试穿，查看实际的穿着效果，如果有不合适的地方，设计师可以在计算机上直接调整、修改，以达到更理想的效果。之后，再按照设计好的板式进行加工，这样能够提升设计的实际效果，提升成品质量。

三、计算机辅助设计在服装设计中的应用

将计算机辅助设计应用到服装设计中，是建立在计算机和科学技术进步的基础上的，用技术手段实现服装设计，创新传统的服装设计方式，将设计师的设计理念与科学技术相结合，并将设计师的设计理念不断延伸，推动服装设计行业不断发展和创新。

计算机辅助软件主要有Photoshop、Painter和CAD系统等多种程序，这些程序不断完善更新，打破了传统的绘制方式。程序中还包含许多传统纸笔不具备的笔刷和图案、纹理等，各种不同的笔刷和色彩相互结合，能够产生多种多样的艺术效果，为设计师提供更广阔的想象和设计空间。

设计师可以利用计算机辅助设计从计算机的人体动态库中寻找自己需要的人体模特，从而迅速地开展设计工作。程序中的橡皮和返回等操作都可以实现设计过程中的更改，设计师还可以选择不同形状、大小的橡皮以更有针对性地进行擦除操作。设计师可以利用计算机的快速上色功能和图层功能给设计图进行上色等处理，提升设计的效率和效果。程序中的笔刷可以自由调节粗细、颜色、透明度等，还可模拟水彩笔、炭笔、油画笔等，带给设计师更真实的设计体验。程序中可以根据设计需要设计笔刷，自定义

的笔刷更能表现出独特的艺术效果，表现出一定的个性风格。设计师还可以不断调整设计色彩，如对比度、灰度、偏色等都能够使设计色彩更加丰富多样，展现出不同的视觉效果，让设计效果图更好地展现设计师的设计想法。

（一）服装设计中计算机辅助设计的应用方向

1.审美方向

服装产品在市场中的价值是由产品质量与外观来决定的，服装产品质量具有相对定性的特点，这就需要对服装产品进行外观层面的优化，提高服装产品的辨识度，使其在时代发展中符合审美需求。为此，在计算机辅助设计中，必须充分结合虚拟技术、时代属性等，分析与界定出服装产品在现有市场中所具备的艺术渲染力，保证服装产品在推广过程中得到用户群体的认可，只有这样才可最大限度地增强服装产品的市场影响力。此外，计算机辅助设计必须结合现有市场对服装的导控机制，充分了解时代潮流给服装所带来的耦合影响，以发挥服装设计效用，实现服装审美意识的市场化支撑，提高服装产品在市场中的推广能力。

2.虚拟现实方向

从现有的服装设计信息化实现形式来看，虚拟化试衣技术的重要性逐渐增强。例如，在电商平台的大力推广下，以计算机辅助设计为主的虚拟试衣模式可通过摄像系统对人们的身体信息进行采集，并将此类信息同步映射到网络系统中，实时生成服装内的虚拟参数，以此向顾客呈现同比例的服装穿着效果。但从实际应用来看，虚拟现实技术无法为人们进行立体化效果的展示，造成技术实现与预期效果具有较大的偏差。为此，在未来发展过程中，计算机辅助设计可融合三维立体成像技术，深度发展立体化模特走秀，可通过虚拟发布会的形式，模拟人们穿着时在各项肢体行为中服装产品所呈现出的立体化、功能化效果，例如，面料在不同行为下所产生的力学特性，服装在不同光照环境下所映射出的视觉效果等，以此为切入点，可有效保证服装产品的呈现具备动态化、写实化效果，令顾客能够通过远程对服装进行细节观察，然后通过信息反馈，给予服装设计师相应的建议，可有效推动服装设计行业的发展。

（二）计算机辅助设计在服装设计中的应用表现

1.三维虚拟化测量

服装设计要针对不同人体类型，设定符合人体参数的服装，增强服装产品与身体的贴合性，令人们在穿着过程中感到舒适。在计算机辅助设计的应用下，可对传统的人工测量进行优化，依托虚拟软件可对服装产品进行理念化设计，对原有的参数修改工序进行简化处理，且通过数字化确认，可更深地解析出人们身体参数与服装产品的对接效果。在三维虚拟化测量体系下，可为设计师提供虚拟人体试衣功能，然后结合人们的三维、体重、身高等进行数字化建模，增强服饰设计的合理性与效率。与此同时，通过信息化设计理念与传统服装设计的融合，可增强服装的时代感，极大节约人力资源，且在数据资源的共享下，可进一步补充服装行业的数据系统，为各类人群的服装设计提供参数指标，从而增强实际设计质量。

2.服装工艺设计

质量作为服装产品的重要衡量指标，应用不同材料进行设计，可令服装产品呈现出不同属性。在计算机辅助技术的支持下，可通过对面料参数进行界定，分析出面料在实际应用过程中与服装产品呈现的关联性，同时可在虚拟场景的建设下，对不同类型的面料进行整合，灵活搭配，为设计人员提供立体化的信息服务。此外，通过计算机技术，可模拟出面料所具备的力学性能，并将结果通过数据仿真的形式进行传输，使设计人员了解到不同功能层面中不同面料所能承接的最大力学属性。例如，在有限元分析模型下，可精准模拟出针织物材料所呈现的力学性能，进而可为后续服装设计提供数据支持。

在服装款式工艺方面，在计算机辅助软件的支持下，可对内部图形进行矢量化编辑，分析出不同服装参数映射模型所呈现的动态效果。此类计算机辅助软件具有绘图可视化功能，可令整个图纸具备灵活特性，从不同角度分析出服装设计细节，令设计人员明确相关服装产品所具备的渲染效果、观赏效果等。通过服装立体化展示，可更好地增强实际装饰效果，提高服装设计理念的渗透性，令整个服装产品与时代接轨。

在服装色彩工艺方面，计算机辅助软件的虚拟服务功能，可依据不同用户群体设定多形式化的色彩搭配方案。例如，在职业岗位、年龄段等方面，可通过计算机软件对色彩搭配进行立体化描述，然后在模拟效果的多维展示下，令设计人员了解到当前软件操作所带来的效果。此外，通过BP网络结构还可对当下流行的色彩区域进行解读，通过网络资源的共享载体，对该类服装在行业中呈现的发展方向进行分析，为设计人员提供更为丰富的色彩资源，从而增强实际设计效果。

3.文化元素融合设计

文化元素在服装设计中占据较大的比例，通过传统文化元素、时代文化元素的融入，可提高固有群体的忠诚度，并可以服装为载体大力弘扬传统文化，增强人们的文化自信。计算机辅助系统提供资源共享功能，可在数据库终端对不同属性的服装信息进行展示，达到不同层面的设计效用。对于文化元素的融合模式，可通过数据库对传统文化、时代文化的应用程度以及市场占有度进行分析，了解到顾客群体对服装产品所产生的诉求，在不同资源的导入下为设计人员提供更为丰富的设计理念，为文化元素的融合与应用提供基础保障。此外，在服装设计过程中，通过计算机软件的实时模拟功能，可对服装具备的文化信息进行立体化彰显，解读出不同市场维度下服装产品具有的文化属性，然后结合顾客的诉求，制定出更为完整的服装设计规划，从而增强服装设计效率，提高市场占有率。

（三）计算机辅助设计在服装设计中的应用不足

1.未能充分体现技术性和可学性

传统的服装设计工作，更多坚持以往的设计方式，即通过手绘设计草图，之后再进行一系列的设计工作，没有将计算机技术广泛应用到设计工作中，也没有充分意识到计算机辅助设计在服装设计中的作用。另外，在应用计算机辅助设计中没有充分体现服装款式和审美特点，使得计算机辅助设计依然受制于传统的服装设计理念，无法充分体现计算机辅助设计的优越性。设计师对计算机辅助设计没有进行深度的研究，在设计中对其应用程度不足，也影响了其作用的发挥。

2.传统工艺与现代文化结合度较低

我国有着悠久的服装设计历史，传统服饰艺术中包含的中国文化思想深刻影响着国人，也影响着传统的服装设计理念，其中的一些精华是服装设计中应该坚持和保留的。但是，在当前的设计工作中，一些设计师一味地追求服装设计的现代性，奉行"拿来主义"，将新奇事物一股脑地加入服装设计中，却忽视了现代与传统的融合，形成一种"四不像"的设计，服装设计的审美因素难以体现。设计师没有运用计算机辅助设计将当代的文化和传统设计工艺进行有机结合，使得设计出的服装过于死板，影响了设计师的创新发展，阻碍了其设计思路，不利于服装设计行业的发展。

3.未能合理融入时代元素

服装设计作为一门综合艺术，在设计中会融入许多的元素。在新的时代，符合时代的新元素应该更多地融入服装设计中，体现设计的时代性，设计出更加符合时代特点的服装。但在实际的设计中，较少能看到时代元素的融入。一些设计中融入的时代元素代表性较弱，创新性不足，在表现形式上也比较单一，审美性不强，难以引起人们的情感共鸣。计算机辅助设计的不足是造成这一问题的原因之一，设计师的思路不能打开，不能把握住时代的核心特点，不能运用新的技术手段，这将影响设计行业的创新发展。

第四节　计算机辅助工艺设计系统

计算机辅助工艺设计（Computer Aided Process Planning，CAPP）是现代制造业的重要技术。服装 CAPP 利用计算机技术将服装款式的设计数据转换为制造数据，是连接服装设计系统与制造系统的桥梁，是替代人工进行服装工艺设计与管理的一种技术，是服装企业信息化的重要内容之一。

服装 CAPP 系统（图4-2）主要由信息输入模块、工艺数据库模块、输出系统模块构成。其中工艺数据库模块是工艺设计的核心，是随服装环境变化而多变的决策过程。

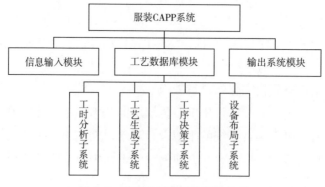

图4-2　服装CAPP系统模块构成

一、服装CAPP发展状况

（一）第一代CAPP系统

20世纪80年代开始，第一代CAPP系统的研究重点是实现工艺设计的自动化。在相当长时间内，CAPP系统一直以代替工艺人员的自动化系统为研究目标，强调工艺决策的自动化，开发了若干派生式、创程式以及检索式的CAPP系统。这些系统都以利用智能化和专家系统方法自动或半自动编制工艺规程为主要目标。至今为止，国内外还没有兼具实用性和通用性的真正商品化的自动工艺设计的CAPP系统。20世纪90年代中期以来，主流的CAPP系统开发者已基本停止了这类系统的研制。

（二）第二代CAPP系统

20世纪90年代中期开始，第二代CAPP系统针对基于服务顾客，优先解决事务性、管理性工作理念进行开发。这类系统以解决工艺管理问题为主要目标。CAPP系统在实用性、通用性和商品化等方面取得了突破性进展。第二代CAPP系统对企业需求进行了认真分析，并在认真分析顾客需求的基础上，以解决工艺设计中的事务性、管理性工作为首要目标，首先解决工艺设计中资料查找、表格填写、数据计算与分类汇总等烦琐、重复而又适合使用计算机辅助方法的工作。第二代CAPP系统将工艺专家的经验、知识集中起来指导工艺设计，为工艺设计人员提供合理的参考工艺方案，但在与CAD/CAM/ERP等系统共享信息方面有所局限。

（三）第三代CAPP系统

1999年至今，第三代CAPP系统可以直接由二维或三维CAD设计模型获取工艺输入信息，基于知识库和数据库，关键环节采用交互式设计方式并提供参考工艺方案。此类系统在保持解决事务性、管理性工作的优点的同时，在更高的层次上致力于加强CAPP系统的智能化能力，将CAPP技术与系统视为企业信息化集成软件中的一环，为CAD/CAPP/CAM/PDM集成提供全面基础。现有的CAPP系统在解决事务性、管理性任务的同时，在自动工艺设计和信息化软件系统集成方面也已经开展了一些工作，如兼容某些典型衣片的派生式工艺设计、基于设计模型可视化的工艺尺寸链分析等工作。

二、国内外服装CAPP研究现状

在国外一些发达国家，服装CAPP技术已被应用于众多的服装企业。美国于20世纪90年代初制订了"无人缝纫2000"的服装工业改造计划，计划针对传统服装制造业的滑坡现象，强调服装生产的工艺流程高度自动化，以提高生产效率和缩短加工周期，适应日趋激烈的市场需求。法国力克公司（Lectra）与日本兄弟公司（Brother）联合推出服装CAD/CAM/CIMS系统BL-1000，该系统可以自动编制生产流程、自动控制生产线平衡，并能参照企业现有的设备重新组织生产线和编排新的生产工艺。美国格博公司推出IMRACT-900系统，该系统的工艺分析员可根据确立的设计款式进行工艺分析、工序分解，将作业要素转化为动作要素，利用系统提供的动作要素和标准工时库，计算该产品的总工时及劳动成本；并可根据面料的厚度、针迹形态及缝纫长度、设备性能、机器类型，计算缝纫线消费量，并记入该产品的原料成本，从而快速准确地完成产品的工序工时分析及成本分析；还可将此分析结果下传至FMS系统，为吊挂生产系统提供调度信息，使生产信息达到集成。

近几年，我国CAPP的研究开始注重工艺基本数据结构及基本设计功能，如时高服装CAD/MIS集成系统基本实现了由CAD向CAPP的过渡，缩短了从接单—工艺文件制作—打板—排料—缝纫工段投产的周期。目前，较为完善的服装CAPP系统具备了工艺单制作、生产线平衡、生产成本核算、计件工资计算等功能，其后台有强大的数据库支持，除了制作工艺单常用的资料（如各类国家标准、缝口示意图、设备资源库、各种服装组件图等），还有典型工艺库、典型工序库，极大地提高了生产效率，同时优化了服装工艺。

三、CAPP在服装上的应用

目前，服装生产类型已由原来的大批量、少品种、长周期向小批量、多品种、短周期方向发展，产品更新速度快，这就对服装生产提出了新的挑战。产品种类、生产批量、生产设备、工艺方法及工艺师的经验水平等因素影响着服装工艺设计，任何一个因素的变化都将导致工艺设计方案的改变。同时，工艺设计需要分析和处理大量信息和大量的工艺数据，这些数据是企业物资采购、生产计划调度、组织生产、资源平衡和成本核算的重要依据。

因此，服装工艺设计是连接服装设计与服装制造的中间环节，是服装设计与生产的纽带。

CAPP的应用是提高服装工艺水平的重要手段，现对其发展现状、应用情况及未来走向进行系统研究，希望对其推广有一定的促进作用。

（一）服装CAPP系统的应用

早期服装CAPP系统的雏形只是使用计算机及通用软件如Word、Corel-DRAW或简单CAPP软件制作工艺单，无法体现CAPP软件的精髓（在编制服装工艺的过程中对典型工艺及工序的复用）。

在国外一些发达国家，服装CAPP技术已被应用于众多的服装企业。我国也有服装企业应用CAPP技术，如西安工程大学与西安精诚职业服装有限公司合作，设计了一套计算机辅助服装工艺设计系统。该企业应用该CAPP软件后，生产周期明显缩短，工艺设计的一致性明显提高，对工艺人员的依赖程度降低，招聘技术人员的难度下降，同时也提升了该企业的信息化程度，增强了其市场竞争力。

（二）服装CAPP发展思路

目前，服装CAPP技术的发展并不是很完善，结合CAPP技术的发展方向，提出以下建议。

（1）集成与兼容性。应用端口技术解决CAPP软件与其他软件的集成与兼容性问题，加大服装CAPP软件与其他CAPP软件的兼容性，有利于信息的获取及资源的共享，提高工艺设计的效率。

（2）辅助管理功能与辅助设计功能并重。一款好的CAPP系统，不仅要能很好地协助工艺人员设计出规范的工艺文件，还要协助工艺管理人员更加方便地进行工艺管理。除工艺资源管理外，还应有权限与日志管理、流程与监控、协同工作、传递管理、工艺性审查、车间工艺管理、工艺报表汇总、统计处理和工艺物料清单（BOM）管理等。

（3）CAPP辅助动作研究。将工业工程（IE）中关于动作研究的原理用于CAPP辅助工艺管理中，可以提高生产效率。一方面IE中动作研究与5S原则的应用可以为CAPP系统提供科学的基础数据，另一方面CAPP的应用有利于IE的实现。这就要求在CAPP软件开发时，建立相关的版块。

（4）智能导航技术的应用。应用智能导航技术，降低用户使用难度。服装CAPP系统的智能导航技术，按照系统规则引导已有数据的利用和获取，解决工艺设计描述与编码问题；工艺设计规范的导航式生成技术，解决工艺设计思想的数字化问题；工艺方案的导航式生成技术，解决工艺设计过程自动化程度提高的问题；导航的人性化、格式化技术，解决工艺设计方案的优化问题；智能知识信息提示技术，解决相对智能的工艺设计即时辅助问题。

第五节　服装产品生命周期管理系统

产品生命周期理论自提出以来，已被不同程度地应用于营销学、贸易学和运筹学等领域中。在服装领域，虽有不少学者利用产品生命周期对销售情况进行预测，但研究大多偏于宏观，实际操作性不强，更鲜有学者利用产品生命周期从供应链最前端的销售入手，以产品前期的销售表现反观整条供应链，依据不同类型的生命周期曲线预测相应产品的后期发展，并将预测结果应用于企划、采购、生产等各个环节中。本节从产品生命周期理论及其应用、服装产品生命周期曲线分析、产品生命周期在服装产品中的应用等方面着手，结合企业门店销售情况分析服装的产品生命周期特点，并认为可根据同类服装的销售表现预测其市场需求量，按需生产以解决库存过量或不足的问题。

一、产品生命周期理论及其应用

（一）产品生命周期理论概述

1939年，约瑟夫（Joseph）等提出了"景气循环"理论，引入了产业从创新到消亡的周期概念。20世纪60年代，埃弗雷特（Everett）等提出"创新扩散理论"，认为新产品推出市场后并非立刻被完全接纳，失败时也不等于立即消失，而是有一个类似生命周期的过程。1966年，美国哈佛商学院弗农（Vernon）将产品生命周期原理科学化，提出了产品生命周期理论（PLC），将产品生命周期分为"引进期—成长期—成熟期—衰退期"。其产品生命周期曲线如图4-3所示。

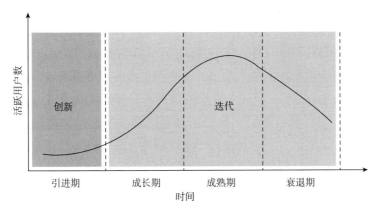

图4-3　产品生命周期曲线图

美国伯明翰大学市场学教授约翰（John）等研究发现，产品生命周期存在10种变异型生命周期曲线，共分为3类，即前期变异型、中期变异型、后期变异型，变异曲线如图4-4所示。

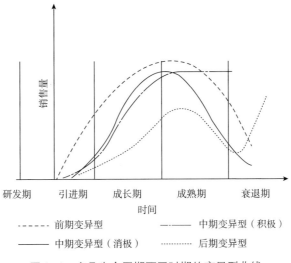

------- 前期变异型　　　—·—·— 中期变异型（积极）

——— 中期变异型（消极）　　········ 后期变异型

图4-4　产品生命周期不同时期的变异型曲线

由图4-4可以看出，前期变异型曲线表现为产品渗透能力强，需求增长快，引进期很短甚至直接进入成长期。中期变异型有两种情况：积极变异和消极变异。积极变异曲线的特点是位于成熟期的产品销售量依旧均匀增长，有较长的成熟期；消极变异曲线的特点是产品成熟期非常短，甚至刚进入成熟期就明显存在衰退先兆。后期变异型曲线的特点是在前几个生命阶段，产品发展缓慢，但在一定条件下，如通过努力营销或者产品改良，在衰退过程中发生积极变异，又逐渐被市场接纳，甚至重新走向成长期，进入新一轮的成长期、成熟期。服装行业因品牌多、产品形式丰富而与其他行业产品生命周期曲线契合度较高，不同服装款式会对应不同类型的生命周期曲线，通过分析它们之间的关系，能够更加准确地预测销售情况，为企业的生产及前期准备打下基础。

（二）产品生命周期理论的基本应用

从经营过程来看，我国大部分企业只注重生产过程管理，属于事后控制，会使预测结果与实际情况相差甚远，使企业生产决策和销售管理产生偏差。

根据产品生命周期理论建立数学模型可以直观地对产品的销售量进行分析和预测，并给出预测点在产品生命周期中所处的阶段。最经典的数学模型是Gompertz曲线和Logistic曲线，二者的主要区别是，Gompertz曲线主要描述处于成长期和衰退期的一般商品的变化规律；Logistic曲线则是对市场需求增长规律进行分析和预测。

典型应用案例如汽车、手机、软件三个行业。汽车行业作为一个产业关联性高、资金和技术密集的现代化产业，是21世纪中国的主导产业。根据产品成长期的特点，汽车行业通过提升对新产品的开发创新能力和速度，保证企业高效生产，有效地缩短了研发期和成长期。手机作为典型的短生命周期产品，要求企业能对供应链进行快速调整。以小米手机为例，其供应链实施的是拉动式策略，产品需求完全由客户订单决定，并根据每周的销售量和预约量进行定量生产，减少了产品引进期的时间跨度。在软件行业，判断一个App成功的标志是其能够长期维系并不断吸引大量的消费者使用自己的产品。对App进行精细化运营，能够帮助企业有效地在探索期验证产品的生产经营模式，吸引有意向的用户，在成长期便可根据用户需求快速升级产品。综上所述，无论是传统实物还是互联网线上虚拟产品，都需要利用产品的生命周期对产品开发过程进行规划和管控，故产品生命周期的应用具有广泛性。

二、服装产品生命周期曲线分析

服装产品因受很多因素（如季节更替、流行趋势、地域差异等）影响而向着多品种、小批量、短周期的方向发展。由于服装的厚薄受季节更替影响，且温度稍有变化服装需求就可能发生变化，所以服装产品的生命周期相对较短。由于服装生命周期短，款式造型一般来不及申请专利保护，致使服装行业"抄袭"行为非常普遍，所谓"爆款"一旦被模仿，企业的利润和市场占有率就会迅速下降。

相比其他行业，服装行业产业链较长，供应链之间协同配合度要求较高。通常情况下，品牌企业会根据上一年同期销售情况确定销售计划、商品企划，销售部会利用订货会制订具体产品的生产计划，由生产部进行面料采购和生产加工。一般前期的运作会较产品上市提前半年进行，因而作为当季上市的产品，较易出现两种情况：一种是提前生产的产品库存积压，造成企业巨大负担；另一种是爆款产品因缺货一时难以快速补货，导致企业利润损失。

由服装产品的特点可知，不同服装对应不同的生命周期曲线，最常见类型有：

（1）风格型曲线。属于前期变异型的产品生命周期曲线。前期涨势迅猛，产品引进期很短，几乎直接进入成长期。该曲线的走势主要随人们对产品兴趣的变化而改变，是一种不会直接进入衰退期，而是波段性衰退的模式。从服装产业的整个生命周期来看，服装产品总体基本符合风格型产品生命周期曲线类型。

（2）时尚型曲线。类似消费者需求曲线，其产品衰退往往是由于消费者需求发生了转移。此类型曲线的特点是，产品刚上市时很少有人接纳，随着时间的延长逐渐被接受，最后缓慢衰退，直至消费者将注意力转向另一种更吸引他们的时尚产品。这种产品生命周期曲线更适合描述服装店中数量占比大、销售额贡献大的主推型服装。

（3）热潮型曲线。符合此种曲线的产品往往来势汹汹且很快就吸引了大众注意，是一种时尚产品。品牌形象款服装的生命周期曲线基本符合此种类型。

（4）扇贝型曲线。这种类型曲线主要描述的是，产品在成长期和成熟期之间不断循环而不进入衰退期，产品到达成熟期之后，通过对产品的再完善（如面料的变化、工艺的改进等）使之成为常青树产品，即品牌的经典产品。品牌服装基本款的理想目标便是此类特征曲线。

为更直观地对比4种特殊生命周期曲线，见图4-5。

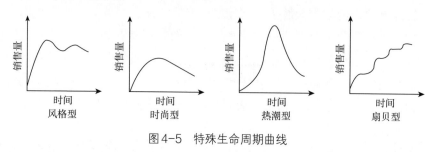

图4-5 特殊生命周期曲线

三、产品生命周期在服装产品中的应用

（一）服装产品设计程序优化策略

程序泛指在事物工作的发展和实现过程中，按照客观规律设计的处理事物的某种步骤流程，具有合理性、渐进性、持续性和逻辑性等特征，作为为达到一定预期目标所建立的路径和方案，能实现效率性、经济性、便利性的目的。服装设计程序的优化策略就是预先设置好整个设计程序，最大限度避免风险，把浪费降到最低，进而达到明确设计分工、完善设计程序、提高设计效率的目的。一般来说，一个完整的设计流程由几个相应的模块构成，各个模块之间的相互作用发挥着设计流程的引导作用。服装产业在长期的发展过程中对设计流程的关注度比较弱，导致大量的人力、物力、财力耗在此环节。

为了优化服装企业长期以来所形成的传统的设计程序，为了设计策略的实施，通过对国内外成功服装品牌设计程序模式进行对比研究，结合自身实际，形成适合服装发展的一套设计程序模式，以能够大大地提高服装设计的创意及效率。

（二）服装产品生命周期策略的应用

品牌服装从设计、研发到销售基本要经历大半年时间，销售状况包括数量、销售周期、上市时间等。服装属于短周期产品，如单季新品从上市到退市一般不超过3个月时间；品牌企业通常将新品分为几个波段上货销售，这会使每个单品的销售周期更短，尤其是女装；就休闲品牌而言，销售周期一般为6~8周。因此，服装行业更需要利用产品生命周期理论对其研发、生产、销售等各个环节进行指导，以使这些环节更加协调有序。探讨该理论在具体环节中的应用，可对产品的研发、生产、销售等实际工作给予指导。

1.商品企划

通过分析上一年度品牌公司产品结构和典型产品的生命周期曲线，可预测下一年度产品在未来一段时间内的需求期望水平。按照时间长短，预测可分为长期预测、中期预测和短期预测。服装虽然是短周期产品，但是因为季节周期以及流行周期是不断循环的，所以中期预测和长期预测同样能对产品销售起到积极作用。通过长期预测，可为企业定性描述产品期望水平，确定企业商品企划方案；通过中期预测，可制订年度、季度生产及销售计划；通过短期预测，可确定生产时间、数量、周期及营销上市方案。三管齐下，定性与定量分析相结合，能够更准确地预测实际销售情况。通过对上一年度当季典型产品生命曲线的分析，可以为下一年度同季度产品企划打好基础。

2.当季销售

中国幅员辽阔，南北气候差异大，对于品牌企业，地域不同、气候不同，计划新产品上市的时间也不同。因此，可以根据先上市地区产品的销售情况来预测后上市地区的销售情况。如北方地区入冬早、入夏迟，可对其先上市的秋冬产品的最初动销状况进行分析，依据其前期销售情况与本公司典型产品的生命周期模型来预测后期的整体销售情况，并及早分析出可能的畅销款，使企业能够及时安排后续补单生产。如果销售状况不理想，需要分析不理想的原因，然后对该产品后续批次进行改善，以增加其他地区该产品的销售量，进而使产品在成长期和成熟期内不断循环。如果上市后销售状况符合滞销款曲线的前端特征，应提早通过促销活动等进行当季清仓，以减轻品牌的库存压力。

服装产品的生命周期曲线走势除了与产品本身因素有关以外，还与其他因素有关，如很多爆款由于缺货导致产品的成熟期缩短，利润降低。因此，需要完善企业营销中的订货、补货以及铺货机制，以提升企业利润。

3.销售机制改善

目前很多品牌企业采用直营加代理加盟制，多数通过订货、补货和铺货方式形成营销机制。

订货会是企业传递服装营销策略的重要渠道，是确定主推产品的重要窗口。依据前一年度的销售情况，各代理商群策群力，集众人的经验，确定当季新品订单结构和每款的订单数量。对于代理商而言，确定订货量仅依靠基本经验可能产生偏差，如代理商过于大胆订货或怕承担库存而保守订货。因而通过分析去年客户的当季销售量并辅以前一年度该类产品中的畅销款、平销款和滞销款的生命周期曲线，可为企业确定一次生产量以及原辅材料备货量提供依据。对于可能的畅销款，当一次生产量大于客户订货量而当季销售中代理商需要补货时，企业就可以从库存中直接拿给代理商销售。

补货的原因是产品备货不足而市场需求较大，此时若企业没有库存，则需要组织二次生产，若无原辅材料备货，则会错失销售的最佳时间。通过对上一季产品和当季产品引进期销售情况的分析，可预测产品成长期、成熟期的销售情况，从而及时组织二次生产，避免损失。

铺货是指品牌企业在当季发现了新的潮流产品而快速组织生产，针对不同的渠道进行补充销售的行为。此时应根据热潮型曲线的特征，按照预测数量进行生产，并将产品投入销售成绩优异的核心店铺，以能够较快地掌握产品在市场上的接受度，根据该热潮型服装的销量得到更准确的产品生命周期曲线，进而预测其他门店的销售情况，为今后此类产品的生产和销售积累基础数据。

对于订货、补货和铺货机制，品牌公司通常会制定不同的折扣额度和不同的退换货比例，鼓励经销商提升订货能力，减少其成本，与经销商、加盟商共同承担库存压力，使公司和经销商的销售利润最大化。

四、服装产品生命周期管理系统

服装企业的生产特点决定了其生产管理上的复杂性。要应对快节奏的市场变化，加快产品的上市时间，就要组织好与产品相关的各个环节的工作，使之可以高质高效地完成。产品生命周期管理（Product Lifecycle Management，PLM）的出现正好有助于解决信息化时代服装企业产品管理数据繁多、难以进行有效管理的瓶颈。

（一）PLM 系统原理

PLM 系统是帮助企业应对市场竞争、快速推出新产品的管理系统。它是PDM 与 CAD/CAM 乃至 ERP/SCM 等的集成应用，是一种系统解决方案，旨在解决制造业企业内部以及相关企业之间的产品数据管理和有效流转问题。

PLM是一项企业信息化战略，它描述和规定了产品生命周期过程中产品信息的创建、管理、分发和使用的过程与方法，给出了一个信息基础框架来集成和管理相关的技术与应用系统，使用户可以在产品生命周期过程中协同地开发、生产和管理产品。

1. PLM的实质

（1）从战略上说，PLM是一个以产品为核心的商业战略。它应用一系列的商业解决方案来协同化地支持产品定义信息的生成、管理、分发和使用，在地域上横跨整个企业和供应链，在时间上覆盖从产品的概念阶段一直到产品结束使命的全生命周期。

（2）从数据上说，PLM包含完整的产品定义信息，包括所有机械的、电子的产品数据，也包括软件和文件内容等信息。

（3）从技术上说，PLM结合了一整套技术和最佳实践方法，如产品数据管理、协作、协同产品商务、视景仿真、企业应用集成、零部件供应管理以及其他业务方案。它沟通了在延伸的产品定义供应链上的所有原始设备制造商（OEM）、转包商、外协厂商、合作伙伴以及客户。

（4）从业务上说，PLM能够开拓潜在业务并且能够整合现在和未来的技术和方法，以便高效地把创新和盈利的产品推向市场。

2. PLM系统的层次

服装PLM系统一般分为产品设计、产品数据管理和信息协作三个层次。

（1）产品设计层。包括用于概念开发、样板开发、放码、排料和3D设计的软件。在产品设计的过程中，产品线规划需要收集并整理从产品概念到产品生产的开发项目，以及所开发产品的详细可视款式和规格信息，如参数和样品等详细资料。

（2）产品数据管理层。收集并整理产品设计层信息供其他部门应用。它能够对面料、规格、成本和信息要求、图像管理、工作流程等方面进行控制，并在公司范围内数据共享；同时维护所有数据库数据，包括技术规格、颜色管理、物料清单和成本计算等；另外还对各类产品及其资料图板、数据和各类报表进行管理。

（3）信息协作层。它可有效控制和管理产品供应链上的信息。主要由工作流程、样品追踪、合作伙伴许可认证以及向零售商、品牌开发商、供应商及工厂发布必要信息时所用的工具优化集成。

（二）PLM对服装企业的重要意义

实施PLM给服装企业带来一系列改变，包括缩短产品上市时间、在设计阶段发现错误以避免生产阶段昂贵的修改费用、在产品推向市场的过程中减少参与人员的重复劳动、提取产品数据作为新的信息资源等。一些国际知名服装品牌如斐乐、古驰等应用PLM系统实现了企业的大发展。据行业顾问公司KSA的调查显示，国际知名服装企业实施PLM后，带来了以下的经济效益。

1.全面掌握进料及成本状况

使用PLM前，最后获悉生产线构成的是进料经理；另外，面辅料的供应商也不能及时准确地提供服装企业所需要的材料。

实施PLM解决方案后，进料和生产经理能够及早看到开发的款式，能够对生产厂家进行评估并制订初步的生产计划；同时便于进料经理查看材料供应商在质量、成本、及时交货等方面的信息，了解他们以前各季度的表现。此外，向生产厂家发送成本要求前，服装企业可以制定运行报告，说明当前已分配给该生产厂家的业务量，从而确定其生产能力。

2.及时调整生产线规划

使用PLM前，制定服装的款式、类别、存货和生产线等综合预测分配任务时，繁复的工作很容易造成企划人员的遗漏或重复。

使用PLM后，以上均可以在PLM解决方案内通过对现有和历史产品及周期性信息进行统一访问得以实现。工作人员通过回顾上季度业绩，确定哪些产品类型成功、哪些价位实现了可行利润，然后将此类数据与最新趋势相结合进行分析，为企划人员提供了整个生产线的可视化操作手段。

3.加快设计速度

服装企业每季度续用的款式一般高达20%左右，设计师为了修改这些款式会花费较多时间以致不能集中于新产品的设计。同时，各部门的独立工作也造成了资源和时间上的浪费。

导入PLM系统后，设计师可以方便地浏览和使用资料库中以往的产品信息；利用信息库能在一个组件更新后自动更新所有的相关款式，并及时通知其他部门成员，让他们能够就款式、面料、工艺和色彩等及时进行沟通。

4.节约管理成本

在使用PLM方案前，服装企业各部门工作相对独立，在生产过程中很容易出现交叉和重复，从而增加管理费用。

应用PLM系统后，可杜绝不必要的会议、流程交接等，可使用网络持续监督生产进度，并能为服装企业中所有团队成员提供标准化的产品规范。

（三）服装企业PLM解决方案的实施

1.选择适合服装企业自身的PLM供应商

选择一个好的PLM系统供应商，对于PLM的成功实施至关重要。好的供应商同时也是企业的一个长期合作伙伴，服装企业应根据自身情况选择合适的PLM供应商。

（1）在多个供应商之间进行比较，切忌盲从。服装企业在选择PLM供应商时应先从专业咨询公司获取供应商的评估资料，选择几个目标供应商进行深入的考察和比较。选择系统特色与自己业务需求最为贴近的系统，并要求系统供应商进行一定程度的二次开发。另外，最好选择在服装行业有实施经验的供应商。

（2）对投资效益进行衡量与分析。PLM给企业带来收益的同时，其成本投入也是企业必须考虑的问题。引入PLM的所有模块对企业的业务流程进行大规模的改革所带来的成本并不是所有企业都可以承受的。企业可以分步进行PLM系统的实施，根据自己的情况和实施重点，选择最需要的模块以及在该模块方面有特长或有丰富实施经验的供应商，以较少的成本获取最大的收益。

例如，耐克公司对应用PLM十分慎重，经过多次深入调查研究，针对其经营范畴和实施重点最终选择了美国参数技术公司（Parametric Technology Corporation，PTC）为其提供PLM解决方案。

2.结合企业自身情况确定PLM的实施目标

PLM的实施需要详细的、可操作的计划，而实施计划的制订需要着眼于选定的实施目标。在制订实施计划时应以选定的实施目标为中心，将实施目标逐步细分为企业的实际需求，使实施计划的着力点与企业的需求相一致。在制订实施计划阶段，应该关注企业选定的实施目标，避免大范围的流程重组。

例如，斐乐公司是一家从事运动服装的知名品牌公司，由于近年来对体育装配产品的不断延伸，研发过程中遇到大量的图像、数据以及信息数据管理的问题。斐乐公司采用了PTC公司针对其实际问题而提供的PLM解决方案，正是因为PTC公司实施计划的着力点与斐乐提出的需求相一致，关注了它的实施目标，使斐乐缩短了上市时间，降低了产品的开发成本，同时提高了产品的质量和信息交换的能力。

3.加强人员的培训以及与供应商的沟通

好的计划只有通过严格执行才能达到预期效果，而实施计划的执行过程需要实施公司和企业相关人员的相互配合，需要多方人员之间的相互交流。

（1）对项目组成人员进行系统培训。对企业人员进行培训是系统上线前的一个必要步骤。根据工作态度挑选系统管理人员，对他们进行培训以提高其技能。因为系统管理人员要负责整个PLM系统的安装、维护、配置、运行、备份等工作，所以各部门的业务骨干必须进行PLM技术系统的教育和培训，全部人员共同学习、互相交流，通过他们将企业需求和PLM技术结合起来，达到PLM项目实施的最终成功。

例如，法国思佳美儿（Sergent Major）童装公司在应用Gerber公司提供的WebPDM系统时，花了大量时间对员工进行系统培训。对于这家以创新为价值取向的公司而言，积极帮助员工接受并理解流程改变的必要性正好与其企业文化相一致。对员工进行反复培训，讲解新流程的必要性，比起指令性的方式更有利、更高效。

（2）及时与供应商进行技术交流。PLM系统与其他信息系统相比，技术含量更高，这增加了企业人员理解和使用的难度。服装企业要想达到应用PLM系统的目的，一定要在实施PLM的过程中与供应商紧密配合、积极沟通，以实现知识转移，最终达到双赢。

可以在项目实施后分阶段开展实施报告会，邀请供应商以及企业重要的项目关系人参加，对项目实施后的情况进行交流并获取供应商的帮助。PLM解决方案的实施，加上适当的技术交流，能够打破产品设计中各个部门之间的隔膜，增强供应商与服装企业之间的协同，通过协同实现产品设计和系统项目的正确和及时实施，避免失误和延迟，提高服装企业的竞争地位。

PLM对于我国服装企业来说是一次革命，它将改变服装领域的知识总量、存在的形式和传播的方式。它利用计算机、网络、数据库、软件等使服装企业的设计、生产、经营、管理等方面发生新的改变，提高了企业竞争力。虽然目前PLM在服装行业尚未被广泛应用，但随着它良好的发展势头，它将吸引更多服装企业的关注并大幅提高服装企业的经营效率和核心竞争力。

第五章 服装企业数字化信息管理

当前，数字化信息管理概念广泛普及，为服装业发展提供了信息化支持。将数字化信息管理系统应用于服装信息管理，能更好地提高服装信息管理效率及管理安全性，充分实现对数字化服装信息的多元化整合，为企业更好地基于服装信息开展产品研发、产品营销等工作创造良好技术条件。

第一节 服装企业资源计划数字化管理

一、企业资源计划与管理概述

企业资源计划（Enterprise Resource Planning，ERP）的概念最早由美国著名IT咨询公司加特纳集团（Gartner Group）提出，被认为是新一代制造资源计划（MRP II），是企业对所有资源进行整合集成的新型管理信息系统，是根据企业的各个环节进行信息化功能划分的软件包。

（一）企业资源计划的产生与发展

企业资源计划产生于激烈的市场竞争局面和对过往信息管理的总结，用来满足企业进行信息整合以及规范生产经营活动的需求。20世纪90年代以来，经济全球化趋势显著，新科技革命迅猛发展，制造型企业竞争加剧。为了更好地整合市场、供应商、中间环节的资源，实现企业内部信息的集成，从而实现企业各部门的协同运营和对外部环境的快速反应，ERP应运而生。

ERP的发展历程依托于信息技术和信息管理大致分为四个阶段：订货点法阶段、MRP阶段、MRP II阶段、ERP阶段（图5-1）。

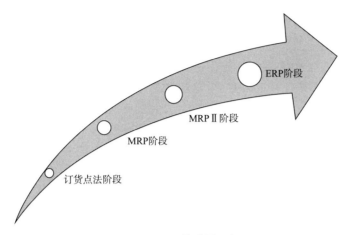

图5-1　ERP的发展历程

20世纪40年代初，西方经济学家在对库存物料随时间推移而被使用和消耗的规律研究中提出了订货点法。订货点法被用于企业的库存计划管理，在控制物料消耗与安全库存量的平衡中起到了重要作用。但是，订货点法要求物料需求具有连续性且相互独立，其需求日期的确定常依赖于订货点，在产品复杂性增加和市场环境变化的情况下，订货点法的发展受到了很大的限制。

20世纪70年代，企业管理者更清晰地认识到了有效的订单交货日期的重要性，且意识到了物料需求的匹配问题，在解决订货点法缺陷的基础上，MRP被提出。MRP注重对物料清单的利用与管理，为了将生产能力、车间作业管理、采购作业管理纳入考核范围，形成更加完整的生产管理系统，又在MRP的基础上提出了闭环MRP系统。

20世纪80年代，为了说明企业的经营效益，管理会计的思想被融入MRP，实现了物料信息与资金的信息集成，在闭环MRP的基础上产生了MRP Ⅱ的概念。MRP Ⅱ将企业中的各级子系统有机统一，形成了集合制造、供销和财务的一体化系统，为企业管理提供更高效、准确的方案。

20世纪90年代，随着经济全球化的发展和科学技术的进步，制造型企业的市场竞争进一步加剧，使得企业的经营战略从传统的以企业为中心转向以客户为中心。为了在客户与供应商之间形成完整的供应链系统，ERP形成。ERP的精髓在于高度的信息集成——一个面向供需链管理的信息集成。相较于MRP Ⅱ已有的制造、财务、供销等功能外，ERP还拥有运输管理、业务流程管理、产品数据管理、人力资源管理和定期报告系统等功能，可实时掌握市场需求的命脉，支持多种生产类型或混合型制造企业。ERP包含的集成功能范围实现了对MRP Ⅱ的超越，且ERP起源于制造业，同时也适用于金融、服务、建筑、医药等其他行业。

（二）企业物料需求计划系统

物料需求计划是企业资源计划系统的核心组成部分，其解决的是物质资料在产供销上的混乱问题及财务与业务间的脱节问题。物料需求计划系统的核心功能可以用What、How、When、Many四个单词概括，即根据需求和预测进行未来物料供应和生产计划与控制，并提供物料需求的准确时间和数量。

如前所述，物料需求计划系统包含两个发展阶段。这里的物料包含原材料、在制品和产品，涉及的部门分别有采购部门、生产部门和销售部门。因此，在发展的第一阶段（也称MRP阶段），物料需求计划系统的任务便是实现这三个核心业务部门的信息集成和统一管理，主要依据为主生产计划（MPS）、物料清单（BOM）和库存信息，基本思想是围绕物料进行组织制造转化，从而实现按需准时生产。在基本思想的指导下，系统需要完成的主要内容包括：一是根据最终产品的生产计划导出相应物料的需求量和需求时间；二是根据物料的需求时间和生产周期确定其开始生产的时间。MRP系统的信息集成，让企业铲除了产供销环节的屏障，对企业的生产计划有着有效的管理和控制作用。但是，MRP系统缺少对生产企业现有生产能力和采购条件的全面掌控，也无法对生产的具体实施情况做出及时的反馈，尚不完善。

为了弥补MRP系统的缺陷，闭环MRP系统逐渐形成，在物料需求计划的基础上融入了生产能力需求计划、车间作业计划和采购作业计划。闭环MRP系统以客户和市场需求为主要目标，首先确立一个现实可行的主生产计划，在优先考虑合同订单和市场需求的同时，根据企业生产能力等条件的约束编制具体计划，使物料资源和生产能力相匹配。闭环MRP系统的出现实现了"生产活动方面各级子系统的有机统一"❶，起到了协调生产的作用。

---

❶ 詹炳宏,宁俊.服装数字化制造技术与管理［M］.北京:中国纺织出版社有限公司,2021.

MRP系统实际上解决了产品从生产到流通的过程问题，却忽略了资金流在其中的作用。但是，资金也是物料需求计划编制中不可或缺的需要重要考虑的事项。20世纪80年代，为了更加完善系统的协同作用，财务开始被整合进物料需求计划系统。由此，物料需求计划系统进入发展的第二阶段（也称MRP Ⅱ阶段）。MRP Ⅱ的基本思想在于，从企业出发，以企业整体最优为原则，运用科学的方法对企业物质资料和生产、供应、销售、财务等各环节进行有效的计划、组织和控制，使之得以充分、协调发展。从本质上说，MRP Ⅱ系统实现了一种新的生产方式，是企业物流、信息流、资金流综合的动态反馈系统，是企业资源计划系统的核心。

（三）企业资源计划与管理的重要作用

企业资源计划是一个能够对企业的资源进行整体规划与调控，使收益最大化的集成体系，它的出现是基于全球经济环境下信息管理的需要，其技术目的是实现供需链管理。目前，企业资源计划已面向制造业、电子行业、服装行业、机械行业、化工行业、医药行业等，将企业的基础资源、需求链、供应链管理与竞争核心等连接起来，构筑成企业战略决策的应用模式。企业资源计划通过各方数据的整合，向企业提供财务管理、生产制造、网络分销、供应链管理、人力资源管理、电子商务等多方面的应用方案。

企业资源计划的应用是企业管理模式的改革，是企业在信息化变革前的重要抉择，而在企业资源计划系统的选择上也要与企业现行发展需求相匹配。因此，企业资源计划既是一门技术，也是一种管理，其管理思想主要体现在以下几个方面。

1.整合供应链资源，促进有效管理

在信息化时代的背景下，信息传播的速度异常快，且变化无常，这就要求企业与企业之间、企业内各部门之间信息实现快速同步，以更好地配合企业运作，实现信息畅通和有效管理。一方面，随着行业专业化程度的加深，企业需要突出自己的核心价值链并舍弃发展不完善的生产资料。这就需要企业整合上下游企业的资源，与之达成供应链的密切联系，实现快速资源整合。另一方面，大中型企业的部门之间有效交流的缺乏或传统低效的线下信息传递已无法满足现代企业快速运作的要求，而企业资源计划能对企业活动中的生产、采购、库存等多方面活动进行一体化设计，从而

形成对市场信息的高效反馈，在供应链层面上提高运营效率，获得竞争优势。

2. 促进敏捷制造与精益生产的结合，进行高效管理

企业资源计划以灵活性为特征，支持不同企业或同一企业不同业务间的混合型生产模式，但"敏捷制造"和"精益生产"思想贯彻生产模式的始终。敏捷制造强调面对不可预测的环境时做出灵活应对策略，摒弃了"大而全、小而全"的发展理念，发扬的是一种协同文化，要求主导企业或部门在面对市场特定需求时强强联手、同步制造，根据形势变化重组供需链。精益生产（LP）强调资源的有效利用，认为没有创造价值的行为都是浪费行为，其实质是一个增值链的概念，即集中优势力量高效转化为产品从生产到流通的最优配置，实现企业经济效益的最大化。

3. 强化计划与控制的统一，协调经营运作

"计划"与"控制"是协调企业各项生产经营的重要抓手，也是协调各个核心业务运作的神经中枢。企业资源计划思想是一种集成的思想，这在对企业经营对象的事先计划、事中控制和事后分析上也有所体现。"计划"即将主生产计划、物料需求计划、采购计划、销售执行计划、财务预算和人力资源计划等模块信息汇集到整个供应链系统中，协调运作，促使企业的产出（产品的数量、服务和时间）满足市场和客户的要求，使投入以最经济的方式转化为产出。"控制"即对计划执行的结果进行严格监控，并将执行情况反馈给计划编制部门，使其得以对反馈信息进行综合分析，完成信息闭环，为企业的平衡决策提供解决方案。

综上，利用高度集成的系统功能和先进的管理思路，企业资源计划的成功应用有助于优化企业资源的整体价值，提升企业管理水平，从而实现有效、灵活、高速反应的企业运作模式，保持企业具有持续旺盛的生命力。

二、数字化服装业务流程重组

业务流程重组（Business Process Reengineering，BPR）又称业务流程优化，指通过对企业战略、增值运营流程以及支撑它们的系统、政策、组织和结构的重组与优化，达到工作流程和生产力最优的目的。BPR的概念最早在1990年由美国麻省理工学院的哈默（Hammer）教授提出，但哈默在业务流

程重组的方法中并没有为企业提供一种基本范例。不同行业、不同性质的企业，流程重组的形式不可能完全相同。

ERP作为崭新的管理手段，引入国内的时间较晚，但随着服装市场的竞争日益激烈，要求企业对市场需求作出快速反应，近年来ERP也受到了国内许多大中型服装企业的青睐。ERP这种反映现代管理思想的软件系统的实施，必然要求有相应的管理组织和方法与之相适应。因此，ERP与业务流程重组的结合成为必然趋势。

为实现企业的战略目标，达到服装企业经济效益的最优，对企业进行业务流程重组时首先必须根据企业类型选择对企业重要程度高且当前效率表现差的关键业务流程。选择关键业务流程并有条不紊地展开优化是企业ERP成功实施的重要保障。

我国服装企业根据产品结构和生产方式的不同大致可分为贸易型企业、品牌型企业和混合型企业三种。不同类型的企业结合自身特点所进行的业务流程重组的方式也有所不同。

贸易型企业通常承接外部订单，并根据订单要求组织生产，库存风险小但市场主动性较弱。其涉及的业务流程通常包括生产计划管理、面辅料管理、成品管理、销售合同签订、出口报关、核销手续等。每个流程都存在逻辑关系，流程的通畅程度决定了企业完成业务的效率水平。例如，销售合同签订环节涉及的业务组成包含样衣制作管理、成本核算程序、供应商报价等，只有对每个环节的各个组成部分进行合理的流程设计、重组，才能提高业务完成效率，从而更顺利地完成生产。

品牌型企业通常需要根据市场情况进行产品预测，再进行产品生产和供给，市场主动性较强，但伴随着较大的库存压力和市场多变带来的设计压力。因此，品牌型服装企业要求能灵活地运用市场营销策略应对多变的市场状况，企业内部更加关注设计管理、商品管理和销售管理。其设计的业务流程主要包括市场预测、产品设计、销售管理等。品牌型服装企业的核心主要是新产品的开发，企业在进行业务流程重组时围绕新产品开发展开，并通过市场、关键意见领袖、消费者等的共同评判投入市场。

业务流程重组是服装企业提升市场反应速度的关键，对企业的供需平衡也有重大作用，能进一步提高服装企业的核心竞争力。

三、数字化服装业务资源计划系统构建

服装企业的信息主要包括项目计划、设计、成衣样衣、样板图、技术管理、工艺资料等数据。利用服装ERP可使企业内部形成有效完善的信息化管理机制，帮助企业有条不紊地发展，表现为：简化服装复杂的款号、面料、颜色、尺码难题；数字化管理服装设计、研发、打样，实时掌握项目进度、费用与成果；解决服装BOM的录入与自动生成的难题；采用条形码，解决服装生产难以跟踪的问题；全面、集成管理服装工艺难题；快速解决服装流程瓶颈问题，实时了解人力、设备能力；解决服装分类、成本核算等问题；随时监控物料、成品库存情况，减少物料浪费和重复、过度生产等。

（一）建设服装制造ERP系统

传统的服装企业实行粗放式的生产管理，管理难点包括：盲目的手工式采购，不能及时准确地了解需要采购的原材料数量，缺乏准确依据的采购计划，造成大量的盲目采购以及资金的无效占用。库存管理问题重，物料的出入库、移动、盘点、生产补料等业务处理过程复杂而琐碎，大量库存积压或短缺，造成企业成本居高不下。自产与委托加工管理，需要管理面辅料出库、半成品或成品回收、加工费结算等，难以实时掌握面辅料库存情况，还容易造成面辅料浪费。费时的工时工价管理、频繁的手工记录，很难保障准确性，加上缺少实时的生产数据，生产进度无法跟踪，工薪统计费时费力。企业内部各部门之间信息无法共享，业务流程相互脱节，数据透明度低，缺乏有效整合，形成信息孤岛。

传统劳动密集型服装工厂，流水线生产需要大量的劳动力，生产工序多，工艺复杂，ERP数字化可有效帮助企业提高生产效率。专为服装工厂量身定制的精细化管理ERP系统称为服装工厂ERP系统。例如，华遨服装工厂ERP系统功能涵盖企业日常管理所涉及的所有业务流程，将物流、资金流、信息流有效地整合，实现企业各部门、各流程环节上的协调管理、相互制约、互相监督，确保各部门信息传递畅通，可有效避免信息孤岛的形成，减少企业重复劳动，从打板到大货出运，对工厂进行精细化管理。服装工厂ERP系统整体业务流程如图5-2所示，功能模块主要包括销售管理、技术管理、采购管理、仓储管理、主生产管理、生产管理、出货管理、质量管理以

及财务管理。

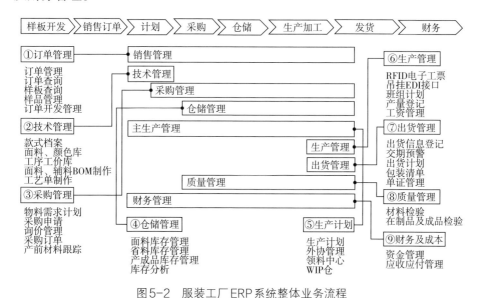

图5-2　服装工厂ERP系统整体业务流程

（二）建设服装外贸ERP系统

针对服装外贸型企业，开发服装外贸ERP系统。例如，华遨服装外贸ERP系统功能全面，是包括邮件管理、客户关系管理、商品管理、报价管理、合同管理、跟单管理、单证管理、财务管理等多维数据衔接的服装外贸管理系统。该系统行业针对性强，深谙服装外贸行业运作流程，自动生成报价合同以及自动生成繁杂的外贸单证，解放劳动力的同时规范了公司合同单证的格式。

ERP系统的运用使繁杂多变的样板处理过程变得清晰，系统自动算出样板的成本，可以保留多个版次与报价单。灵活处理替代物料和客供物料，使样板开发变得更为快捷。解决样板用量分尺码报料、物料单位自动转换的问题，使物料用量更加精确。样板排程表让管理者及时准确地掌控样板的开发进度，跟进每个环节。

同时，准确快捷地根据公司利润分配自动计算并生成报价单，自动生成制造单和物料清单，减少人手计算，提升工作效率；解决繁杂的订单跟进环节，让订单的每个跟进工作有计划、有目标。ERP智能优化方案，可节省30%的成本，解决款式多、数量少、重复工作量大的问题；解决仓库分类、多库位、多色多码分类保存问题，保证后期发货准确及时。自动生成付款单，简化财务出纳支付货款的手续，提升效率；自动生成相关凭证，统计各类资料，生成各类财务报表。

服装外贸 ERP 系统功能模块主要包括以下几个方面。

（1）样板开发。使服装行业的基础资料设置、开发样板变得更为快捷，繁杂多变的样板处理过程变得清晰明了。

（2）跟单管理。解决繁杂的订单跟进环节，创造全面的采购订单和销售计划环境，实现全程控制和跟踪。

（3）生产制造。管理者可以随时掌控每个订单、每车间、每个人的实际生产进度，使烦琐的生产流程变得清晰和有条理。

（4）库存控制。全面的安全库存预警机制、准确的即时查询、丰富的统计分析报表，与采购、销售、生产等部门无缝融合。

（5）财务管理。提供集成的应收应付、出纳管理、工资管理、成本归集、财务报表等，加强财务在运营流程中的把关作用。

（6）外贸管理。装箱单、发票、合同备案、海关核销等外贸管理功能，深谙外贸行业运作流程。

（7）报价管理。根据外汇的变化实时调整报价。

（8）其他应用。包含手机移动端 ERP 系统，指派工作、任务管理、短信中心、传真中心、消息中心、预警中心等。

（三）建设服装内销 ERP 系统

内销企业产品从设计到上货时间很短，必须对企业外部与内部环境有深刻的洞察力，针对服装内销企业，开发服装内销 ERP 系统。服装内销 ERP 系统功能全面，涵盖企业日常管理所涉及的所有业务流程，包括样板管理、订单管理、采购管理、生产管理、库存管理、财务管理等，适用于服装内销行业，提供多币别、多税率、多仓库、产品序号（批号管理）、组合拆解、应收/付账款、信用额度、客户关系等功能，从业务报价到接单、采购、库存、交货追踪、账款或财务总账以及统计分析，可快速导入，快速提升企业管理效率。

服装内销 ERP 系统功能模块主要包括以下几个方面。

（1）样板开发。服装行业基础资料设置、开发样板、样板处理等。

（2）销售订单。解决繁杂的订单跟进环节，创造全面的采购订单和销售计划环境，实现全程控制和跟踪。

（3）智能采购。根据订单、生产、安全库存等情况自动生成采购建议；实时检测生产需求和库存请求等。

（4）生产制造。管理者可以随时掌控每个订单、每车间、每个人的实际生产进度，使烦琐的生产流程变得清晰和有条理。

（5）库存预警。全面的安全库存预警机制、准确的即时查询、丰富的统计分析报表，与采购、销售、生产等部门无缝融合。

（6）财务管理。提供集成的应收应付、出纳管理、工资管理、成本归集、财务报表等，加强财务在运营流程中的把关作用。

（7）条码管理。包括物料条码、成品条码、工序条码等管理，引入先进的条码识别技术等。

（8）其他应用。包含手机移动端ERP系统，指派工作、任务管理、短信中心、传真中心、消息中心、预警中心等。

第二节　数字化服装产品管理

一、产品数据管理概述

产品数据管理（Product Date Management，PDM）是企业利用信息集成系统辅助产品研发和制造的一门用来管理所有与产品相关的数据信息和过程的技术。PDM系统可以将企业中产品设计和制造全过程的各种信息和产品不同设计阶段的数据文档组织在一个统一的环境中，并对其进行有效、实时、完整的管理。

（一）产品数据管理的产生与发展

产品数据管理的产生与发展与社会环境的发展密切相关，企业为满足市场需求而寻求自我改变和完善的强烈需求，也是推动PDM技术进步的巨大驱动力。PDM起源于制造业，是CAD、CAM技术发展的产物。20世纪60—70年代，企业为提高生产效率，增强市场竞争力，大力发展CAD、CAM技术。尽管CAD、CAM等技术得到充分利用，却存在信息无法集成的问题，出现了信息断层的现象，"信息孤岛"情况时有发生。且随着市场需求的转变，客户对产品结构和性能的要求越发严苛，使得产品的研发与制造的难度越来越大，生产周期不断加长。为改变企业在激烈竞争中的不利地位，催生了数据共享和管理技术，PDM技术以产品为核心，以实现产品数据、过程、资源集成为技术手段，成为企业引进的重要技术和管理思想。

产品数据管理技术产生于20世纪80年代初，并在20世纪90年代发展繁荣，其发展历程大致可以分为三个阶段。

（1）配合CAD工具的PDM系统阶段。伴随CAD技术在企业中的广泛应用，为设计提供所需信息数据存储和获取的需求变得极为迫切，在这一需求的驱使下，第一代PDM系统应运而生。但这一阶段的PDM技术只能提供简单的信息存储和管理功能，集成功能、系统功能等还有待改善。

（2）专业PDM系统阶段。这一阶段PDM技术的发展是第一代PDM技术的功能延伸，形成了企业"自上而下"逐层分解的信息管理思想。在技术发展和市场需求的推动下，PDM技术向专业化、系统化、功能化方向发展，实现了对产品生命周期内各种形式产品数据的管理，对产品结构与配置的管理以及对电子数据信息的更改控制管理等。

（3）PDM的标准化阶段。对象管理组织（OMG）公布的PDM Enabler草案是PDM向标准化发展的标志。在这一发展阶段，企业的生产发展方式发生重大改变，由独自运作向企业联合发展，受生产方式变革的影响，PDM系统的信息集成和分析思路也随之发生改变，开始形成以"标准企业职能"和"动态企业"思想为中心的新的企业信息分析方法，并随着互联网的繁荣发展逐渐与"电子商务"产生联系。

（二）产品数据管理的重要作用

产品数据管理依托计算机技术，成为企业优化信息管理的有效方法，在实现企业的信息集成、提高企业的管理水平及产品生产效率等方面具有十分重要的作用。一方面，PDM系统可以协助产品设计、完善产品结构的修改等，有利于跟踪确保设计、制造所需的大量数据和信息，并及时提供支持和维护。另一方面，PDM系统可协调组织整个产品生命周期内诸如设计审查、批准、变更、工作流优化以及产品发布等过程，有利于企业工作流程的规范化。

（三）产品数据管理的核心功能

产品数据管理以产品为核心，对企业产品相关信息进行整合、分析和管理，并将其统一于企业的管理思想下，成为企业提升产品竞争力的重要信息平台。PDM系统在企业中得到越来越广泛的应用，其功能也随之向集成化、系统化、多元化方向发展，其核心功能主要有以下三个方面。

（1）电子仓库及文档管理功能。电子仓库用于数据存储控制，它妥善安全地保存了与产品有关的物理信息数据和文件指针，方便用户快速进行信息访问和检索。其具备的主要功能包括分布式文件管理和数据仓库、文件的检入或检出、动态浏览导航、属性搜索等。

文档管理功能，即对以文件形式呈现的产品信息进行管理。在产品生命周期中，文件形式的产品信息主要有五种类型：图形文件、文本文件、数据文件、表格文件和多媒体文件。PDM的文档管理功能主要包括文档的入库和出库、文档信息的定义与编辑、文档查询和文档浏览与批注等，使用户可以便捷地对相关信息进行访问。

（2）产品结构与配置管理功能。这一功能以电子仓库和物料清单为基础，将二者有机统一起来，从而使最终产品的相关工程数据和文档信息相结合，完成对集合信息数据的组织、控制和管理，为用户或应用系统提供产品结构的不同视图和描述。

（3）工作流程管理控制。这一功能目标为实现数据的沟通和流动，其核心是对企业产品设计开发和修改过程的所有信息数据进行定义、执行、跟踪和控制。系统会根据事先设置好的工作流程、工作人员和安排事项对相关用户进行精确通知，只要用户成功登录PDM系统，即可通过任务信息表明确自己的工作安排，并在工作过程中实时跟踪工作完成进度，实现更高效的工作执行。

产品数据管理在技术发展的变迁中不断适应企业需求，从最初的产品设计信息相关管理向产品设计制造全流程延伸，在企业信息化管理中占据越来越重要的地位。

（四）产品数据管理的体系结构

产品数据管理的一般体系结构（图5-3）以网络技术和分布式数据处理技术为支撑，以用户为服务对象，对产品整个生命周期的数据信息进行协调、控制和管理，其体系结构可以从四个层级进行说明。

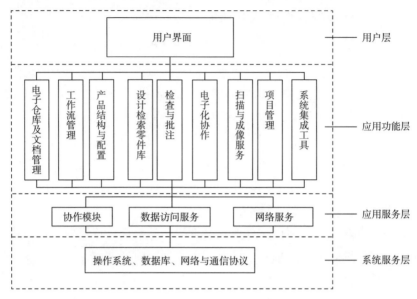

图5-3　产品数据管理的一般体系结构

（1）用户层。PDM系统在用户层为用户提供一个人机交互的界面，系统会根据不同用户的使用范围权限提供不同的界面，协助用户明确自己的职责范围和流程完成情况。

（2）应用功能层。是PDM系统的主要操作层级，可通过调用系统的各功能模块执行相关应用程序的操作。其中，电子仓库及文档管理、产品结构与配置和工作流管理是最常用的模块。同时，这一层级还能实现PDM系统与ERP、CAX、MIS等系统的集成。

（3）应用服务层。应用服务层是连接应用功能层和系统服务层的纽带，具有承上启下的作用。对上，将协调应用功能层各模块间的相互关系，并为其提供基本支持；对下，为系统层提供数据库和网络的访问服务，并为应用软件提供应用程序编程接口（API），从而实现软件集成。

（4）系统服务层。为整个系统提供环境支撑，包括异构分布的操作系统、数据库、网络与通信协议等。

PDM系统体系结构的设置具有灵活性和开放性的特点。尤其在应用服务层的设置上，其纽带作用的实现使得技术人员只需开发编写支持底层各种操作系统、数据库、网络环境的API程序，就能实现PDM系统在多种环境下的运行。为便于PDM系统功能的扩展，系统服务层提供了专门的系统集成和开发工具，用户可根据实际所需开发特定的功能模块，有利于减少开发人员的工作量。与此同时，PDM系统基于分布式数据库技术，使得系统的实施可由部门扩展至整个企业，系统功能模块的选择也可由用户根据企业的不同情况做出具体选择。

二、数字化服装产品数据管理系统构建

数字化服装产品数据管理以服装产品为中心，将数据管理功能、网络通信功能和过程控制功能融为一体，把服装企业产品生命周期内的所有信息汇聚在一个统一的平台中，为企业进行产品管理提供了极大便利。其中，服装企业的产品信息大体包括款式数据、成品样衣数据、样板图数据、技术规格数据和工艺资料数据等。服装PDM系统的运用为产品信息的交互、共享提供了可能，有效提高了产品开发的效率，能进一步提升企业竞争力。

（一）数字化服装PDM系统的应用现状

在我国服装产业链的设计、制造和销售三大环节中，设计环节的信息化发展水平最为薄弱，因此大力开发数字化服装PDM系统是当下十分必要且重要的事。尽管近些年我国服装企业在技术创新和信息化建设方面取得了长足的进步，但受制于行业发展水平和供应商的产品开发能力，PDM系统在我国的应用情况并不理想，仅一些大批量服装生产企业开始了自己的PDM系统研发，如格柏的webPDM和爱科的PDM。究其原因，一方面是我国服装产业的信息集成和过程集成水平还不足以使产品数据管理覆盖产品的整个生命周期，另一方面是服装行业的特殊性使得传统行业既有的、成熟的PDM系统很难运用到服装产业中。

在发达国家，数字化服装PDM系统已经得到了很好的应用，如知名品牌服装企业阿迪达斯、耐克等已经使用了PDM系统，且得到了不错的数据管理效果。

服装PDM系统包括计算机网络及操作系统、数据库管理系统以及应用软件三个层次。计算机网络及操作系统保证工作流程的自动执行，数据库管理系统实现对服装所有数据的管理工作。爱科服装PDM系统吸纳众多服装PDM系统的优势，以产品为中心，集数据库的管理功能、网络的通信能力和过程控制能力于一体，将产品生命周期内与产品相关的信息和所有与产品相关的

过程集成到一起，使参与产品生命周期内的所有活动的人员能自由地共享和传递与产品相关的所有信息。它提供产品全生命周期的信息和过程管理。根据系统功能划分，服装PDM系统的功能包括产品管理、工作流管理及辅助管理三大组成部分。

（1）产品管理。实现管理服装款式的成品样衣、样板图、技术规格、工艺资料等数据，创建及维护款式数据结构、编码，实现款式的规格管理、结构配置管理，同时实现款式设计数据的查询与发放。产品管理模块主要包括款式结构管理、款式配置管理、发放管理、规格管理、编码管理。

①款式结构管理。创建和维护复合服装款式结构，定义款式说明、规格、样板及相应的数据文件。

②款式配置管理。根据各种服装款式，制订款式配置方案，提供交互式定义个性化服装方法。

③发放管理。按系统设定的流程提供服装设计数据和图形，如样板图、工艺卡等。

④规格管理。根据不同的服装款式，设计不同的规格系列和分类方法。

⑤编码管理。设计服装的编码及编码规格。

（2）工作流管理。创建流程模板，实现款式设计、样板设计、推档、排料、工艺编制等流程控制。工作流管理模块主要包括流程管理及项目管理。

①流程管理。提供各种服装设计过程的管理模板，用户可创建工作流程、系统监控设计流程、可视化显示工作流程执行状态。

②项目管理。定义新款服装完整的开发和实施过程，包含款式设计、打板、试制、批量生产等过程。

（3）辅助管理。主要包括款式数据的备份管理、日志管理、系统邮件管理等。

①备份管理。对系统的设定、电子仓库中的数据定期自动备份。

②日志管理。保存系统用户的近期工作，如设计工作、数据修改等行为，并提供指定用户查询。

③系统邮件管理。实现系统用户之间的邮件通信，指定各种特定的邮件类型和通信方法。

（二）数字化服装PDM系统实施存在的问题

1.多元化企业经营模式下的适用范围

服装行业是我国的传统行业，准入门槛较低，历经几十年的发展已形成大小规模不等、经营方式多样的多元化发展局面。多元化发展模式的形成也意味着PDM系统在实施过程中要根据不同的企业经营模式制定不同的系统，因此服装企业的数字化PDM系统大多针对性极强，几乎没有复制的可能。这大大提高了企业实施PDM系统的成本，使得PDM系统只能在一些成熟且形成一定规模的服装企业中实施，不具备广泛适用性。

2.产品开发数据的交互与管理

服装产品开发过程会产生款式设计、色彩方案、材料参数、工艺流程、包装配货等大量数据信息。围绕一件产品展开的数据来源众多，不同设计开发人员所使用的设计软件也有所差异，导致设计开发数据调取困难。并且，繁杂冗长的信息形成大多依靠人工核对录入，信息生成过程还伴随许多变化因素。这些问题共同导致了产品开发效率减慢，产品数据的交互性较差，给数据的管理带来了困难。

3.相关软件应用人才的管理培训

服装产品设计开发人员在长期的软件操作中易形成自己的软件习惯和偏好，这对服装PDM系统的开发造成了困扰。因此，在进行对软件操作人员的培训时，要尽可能统一相关人员的软件使用情况，以方便PDM系统数据的收集和管理，提高产品开发效率。

（三）数字化服装PDM系统的发展趋势

1.系统设计模块化

针对我国服装企业规模迥异、运营模式多元的发展现状，服装PDM系统推行功能模块化设计思路，以便更好地提升PDM系统产品化程度。功能模块化可以根据企业运营模式有针对性地进行系统设计，避免了企业的架构重组，也有效扩大了系统的适用范围，对中小型服装企业是一种利好的方式。

2.数据采集轻量化

伴随人们办公方式的转变，服装企业的工作人员需要在不同地域实现对相关产品数据的查看和编辑，为强化数据的共享性。数字化服装PDM系统可以实现数据的轻量化集成，即针对不同类型的文件不同使用者可以根据自己的软件使用情况进行编辑、上传处理，实现数据共享。并且，PC端的PDM系统与CAD软件、移动App能实现系统数据的共融，多方联动进行数据收集和处理，实现交互无缝的产品数据管理。技术的革新保证了PDM系统的精准性和科学性，将极大提高产品开发设计的效率。

此外，PDM系统的"文档完整性检查"功能，可自动监测产品数据的完整性，有效防止关键文档缺失，使产品数据的安全性得到更强保障。系统还能对数据进行加密存储，具备严密的权限管理功能，使数据的安全性得到进一步提高。

第三节　数字化服装客户关系管理

一、客户关系管理概述

客户关系管理（Customer Relationship Management，CRM），是企业为改善与客户的关系将客户资源转化为企业收益的一种管理方法，是企业通过从客户信息深入分析客户需求和消费行为等与客户形成良好的关系，并最终更好地为客户提供服务的一种管理机制。其本质是信息技术下的管理方法，并在信息系统的统一运作下与企业的营销、销售、服务等方面形成一种协调的关系。

（一）客户关系管理的产生及发展

客户关系管理强调以客户为中心，是市场竞争加速下市场营销思想发展的产物，其为识别客户需求提供了直接或间接的手段。

CRM凭借先进计算机技术与优化管理思想的结合，形成有关新老客户、潜在客户的档案，成为建立、收集、使用和分析客户信息的系统，并从中找到有价值的信息，不断挖掘客户潜力，开拓企业市场。客户关系管理作为电子商务的重要组成部门，经历了三个发展阶段：

（1）前端办公室阶段。这一阶段的系统主要为销售部门提供支持，销售部门是企业与客户产生联系的前端窗口，CRM就是为销售部门服务的前端办公室。

（2）电子商务型阶段。这一阶段的客户关系管理系统依旧为销售部门服务，只是服务的平台发生了变化，相比前一阶段为实体部门提供服务，此阶段系统提供的服务可以在网络平台上完成，被认为是一种新颖的销售方式。

（3）分析型阶段。这一阶段的系统可以完成智能分析工作，系统可以通过为决策者提供与客户有关的决策信息来辅助决策，提供强有力的数据支撑。

CRM在互联网技术的助力下，更好地实现了企业与客户的无障碍交流，极大地提高了工作效率。它既是一种崭新的、以客户为中心的企业管理理论，也是一种以信息技术为手段有效提高企业收益、客户满意度以及雇员生产力的软件系统和实现方法。

（二）客户关系管理的重要作用

在信息泛化的时代，客户忠诚锐减，因此企业进行完善的客户关系管理工作，将有助于对市场动向的把控，并对市场需求做出有效、及时的反馈。客户关系管理作为一种新的管理思想和企业战略手段，在企业的稳健发展中起着非常重要的作用。

（1）保障企业在市场营销中保持优势地位，降低营销风险。随着信息时代的到来，客户需求越来越向多元化、多样化方向发展，企业与客户间的信赖度降低。维持良好的客户关系有利于构建企业与客户的信赖关系，保持企业在市场竞争中的优势地位。随着信赖度的传递，企业产品信息从老客户流向新客户，为企业的市场营销建立坚实的客户基础，有效降低其营销风险。

（2）有利于开拓市场，为企业制定发展战略提供参考。客户关系管理为企业与客户增加了更多的交流机会，也扩大了企业进行销售和服务活动的范围，这有利于企业更迅速地发现商机，掌握市场动态，把握竞争机会。与此同时，企业掌握了全面详细的客户数据和信息，可以借助网络技术实现对它的精准分析和整合，为企业发展战略的制定提供了很好的参考。

（3）提高企业的运行效率。良好的客户关系管理体系的构建，使得企业业务人员能以客户和市场需求为中心，在工作团队中找到自己的定位，加强协调与配合，有利于系统在企业内部资源分配时起到承前启后的作用，提高企业的资源配置，提高企业工作人员的效率。

（三）客户关系管理的核心功能

CRM主要涉及企业的销售、服务和市场三个核心管理部门，致力于提高销售能力，加强服务质量和开拓市场，形成了销售自动化、客户服务及支持和市场营销活动管理及分析三大核心功能。

（1）销售自动化（Sales Force Automation，SFA）。即利用信息化技术实现传统销售流程和管理的自动化，销售自动化是面向销售人员的功能，销售人员可以通过互联网及通信工具对销售进度进行实时监控和管理，可以了解产品和服务的市场定价、交易意见、信息传播渠道、客户画像等，有利于提高销售人员工作效率，缩短销售周期，提升企业经营效益。

（2）客户服务及支持（Customer Service Support，CSS）。即基于呼叫中心和互联网平台为客户提供纵向或横向销售业务的功能，它是客户关系管理中的重要内容，也是提高服务质量、加强客户满意度的重要功能。其提供的服务主要包括现场服务、订单跟踪、维修调度、解决纠纷、业务研讨等。其主要功能包括安装产品的跟踪、服务合同管理、求助电话管理、退货和检修管理、投诉管理和客户关怀等。

（3）市场营销活动管理及分析。是销售自动化的补充，即运用基础营销工具通过对营销计划的编制、执行和结果的分析和预测，提供营销百科全书，并进行客户跟踪和分销管理，以达到营销活动的最终目的。它的主要功能包括营销活动管理、营销百科全书、网络营销、日历日程表等。

（四）客户关系管理的体系结构

客户关系管理的体系结构严格围绕客户展开，涵盖了技术、信息及管理等多方面内容，其系统结构可以划分为四层：客户层、表现层、应用程序层和数据服务层。这四层分别由浏览器、Web服务器、应用软件服务器和数据库服务器构成，如图5-4所示。

二、数字化服装客户关系管理系统的构建

服装企业是我国传统企业的一大支柱性产业，涉及的客户信息较为繁杂。因此，数字化服装CRM系统的实施对服装企业来说是一大福音，有利于增强企业的信息集成和沟通能力，提高工作效率。

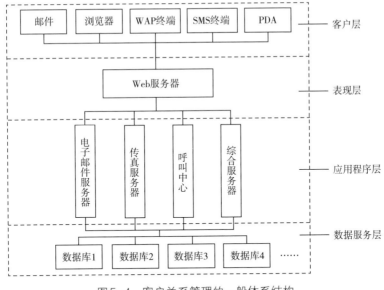

图5-4　客户关系管理的一般体系结构

（一）服装企业CRM系统的应用现状

目前，随着服装产业的升级与发展，服装企业由原来的OEM模式向ODM模式转型升级，将企业核心竞争力聚焦于微笑曲线的两端，有的企业甚至专攻零售。不同的企业面对的客户大有不同，在CRM系统的选择上也存在较大差异。

对于传统的服装制造企业而言，其主要承接外部订单、团购服务等，主要为国内外的服装品牌企业和零售企业提供OEM生产，主要客户是国内外的品牌厂商和需要进行团队服、工作服定制的企事业单位。在这样的客户需求下，CRM系统的功能不需要特别强大，主要集中在信息集中共享、销售管理、服务管理和合同管理等基础管理功能上，为发现更多的潜在客户，系统还要具备支持相应的销售线索管理、销售过程管理。简言之，服装企业客户关系管理CRM系统的功能与作用主要有两方面：

（1）服装企业客户关系管理CRM系统是集中共享客户信息。集中是指客户信息从原来分散在许多个人手中到集中在系统中，从个人资源转化为企业资源，同时借助数据标准化，避免关于客户信息的各种"口径不一"。共享是指原来分散在销售、市场、服务等不同部门的客户信息，在设定的权限控制下，通过系统能够被不同部门共享，实现客户信息的"一处录入、多处引用"。对于纺织服装企业而言，客户信息的集中共享更多解决的是生存的问题，保证企业不会因为个别销售人员流失而导致客户信息的流失，而市场、销售、服务及各种营销工具的整合协同，更多解决的是发展的问题，保证企业的营销活动能够形成体系、有效运转。

（2）服装企业客户关系管理CRM系统是通过对市场、销售、服务等各种活动及其管理需求的分析和实现，同时通过对呼叫中心、网上营销等功能的集成，使得客户关系管理软件系统能够实现各种营销活动、营销工具的整合协同。与此同时，对原来纷繁无序的营销活动进行梳理，制定和优化各种业务流程，实现营销业务的标准化、规范化和可控化。

对于一些品牌服装企业而言，其常将主要精力集中在品牌打造上，而将制造、零售外包出去，主要客户是经销商、代理商、供应商及其合作伙伴等。因此，这一类型的企业在运用CRM系统时就主要集中在CRM的基本功能上。

对于服装零售企业而言，其产品常由代理或代工生产的企业提供，因此其客户主要是消费终端的消费者。针对这类企业而言，其CRM系统在功能上会与上述两种企业有较大差异。服装零售企业时常要关注两方面的信息：顾客购买行为信息、顾客购买态度和习惯信息。为关注顾客信息，企业在零售系统（POS）中加入会员管理功能，一方面，通过相关折扣、积分兑换等形式提高顾客忠诚度；另一方面，企业通过客户信息的收集分析，细化客户市场，为企业活动提供决策。此外，还有呼叫中心、网上商店等功能，整合市场、销售、服务等职能，实现企业营销模式的转变和提升。

（二）服装CRM系统存在的问题

1.缺失以CRM为导向的企业文化构建

企业文化是企业持续发展的不竭动力，也是企业经营的灵魂所在。企业文化的构建是客户价值和员工价值的双向构建，企业既要重视员工的思想行为与企业文化的匹配，也要重视客户价值观的创造和引领。在员工培训方面，CRM系统不应该只是一个操作软件，而应该深入了解CRM的知识内涵，认识其作为客户管理、信息集成和销售管理的交流平台的重要性。在客户方面，虽然很多企业都打出了"顾客为王"的旗号，但很少有企业注重客户价值观的引领，这对于企业内外部资源的整合是不利的，缺失客户忠诚度的服装企业在竞争中也将处于劣势地位。

2.缺乏深入的客户大数据

随着市场竞争的日益加剧，虽然很多企业已经注意到了"客户价值"的重要性，也开始以客户大数据进行相关决策制定，但在数据深入挖掘方面还很欠缺。对于客户信息的收集企业仅靠交易数据，浮于表面，一旦遇到客户需求的重大转变，企业往往难以做出快速反应，导致决策失误等。

3.相关综合类人才的匮乏

服装企业CRM系统的实施涉及两类人才，即数据库技术工程师和数据分析人员。而如今企业人才的现状是综合类人才相当匮乏，尤其是数据分析人才。许多企业的营销部门几乎没有专业的数据分析人员，营销分析工作交由信息技术部门负责，而企业相关营销策划人员又不了解基本的分析方法，甚至没有接触过客户数据库的实际数据。因此，培养服装企业CRM系统的综合类人才极为迫切。

（三）数字化服装CRM系统的发展趋势

面对激烈的竞争，在客户价值不断提升的今天，数字化服装CRM系统的发展也进一步被重视起来。随着移动信息技术的不断发展，CRM系统也将推陈出新，向智能化、科技化方向发展延伸。

针对服装企业客户数据挖掘不够深入的问题，企业将借助新媒体来主动构建客户沟通平台，通过新媒体发布的软文宣传和广告信息提高目标消费者的精准定位，强化客户和企业的关系，将"潜在消费者"转化为"消费者"。另外，CRM系统也将与新媒体平台之间实现数据打通。客户通过新媒体平台对品牌、企业做出的机关评价将形成客户的独立档案，并导入CRM系统中，以便企业进行更精准的营销。

此外，系统还将实现移动端的联通。为了配合人们对网络工具使用习惯的变迁，也为了更方便人们的操作，CRM系统将向移动端转移。由此，人们将可以随时随地实现对系统的操作，破除时间和空间的局限性，进一步提高工作效率。

参考文献

［1］詹炳宏，宁俊.服装数字化制造技术与管理［M］.北京：中国纺织出版社
有限公司，2021.

［2］张轶.现代服装设计方法与创意多维研究［M］.北京：新华出版社，
2021.

［3］朱琪.服装设计基础与实践研究［M］.长春：吉林科学技术出版社有限责
任公司，2021.

［4］武丽.现代服装设计创意与实践［M］.北京：中国纺织出版社有限公司，
2020.

［5］陈东生，吕佳.现代服装测试技术［M］.上海：东华大学出版社有限公
司，2019.

［6］郭瑞良.服装三维数字化应用［M］.上海：东华大学出版社有限公司，
2019.

［7］柯宝珠.服装设计与工艺［M］.北京：中国纺织出版社有限公司，2019.

［8］韩燕娜.数字化背景下三维服装模拟技术与虚拟试衣技术的应用［M］.北
京：中国原子能出版社，2019.

［9］汪小林.远湖VSD数字化服装［M］.北京：中国纺织出版社有限公司，
2019.

［10］胡兰.服装艺术设计的创新方法研究［M］.北京：中国纺织出版社，
2018.

［11］何婵.现代服装设计研究［M］.长春：吉林摄影出版社，2018.

［12］曾丽.服装设计［M］.北京：中国纺织出版社，2018.

［13］梁明玉.服装设计—从创意到成衣［M］.北京：中国纺织出版社，2018.

［14］王宇宏.服装设计与生产［M］.沈阳：沈阳出版社，2016.

［15］崔勇，杜静芬.艺术设计创意思维［M］.北京：清华大学出版社，2016.

［16］凌红莲.数字化服装生产管理［M］.上海：东华大学出版社有限公司，2014.

［17］朱广舟.数字化服装设计三维人体建模与虚拟缝合试衣技术［M］.北京：中国纺织出版社，2014.

［18］匡丽赞.服装设计与CAD应用［M］.北京：中国纺织出版社，2012.

［19］谭磊.服装设计与工艺［M］.上海：东华大学出版社，2012.

［20］邓跃青.现代服装设计［M］.青岛：青岛出版社，2004.

［21］薛萧昱，何佳臻，王敏.三维虚拟试衣技术在服装设计与性能评价中的应用进展［J］.现代纺织技术，2023，31（2）：12-22.

［22］于茜子.数字虚拟化时代下的服装设计创新与发展思路研究［J］.服装设计师，2022，248（11）：105-110.

［23］康丽丽.解构主义在现代服装创意设计中的应用［J］.艺术教育，2020，357（5）：199-202.

［24］龚霞辉.和田思维法在服装创意设计过程中的应用［J］.纺织科技进展，2020，235（8）：33-35.

［25］朱丽萍.计算机辅助设计在服装设计中的应用探索［J］.轻纺工业与技术，2020，49（12）：172-173.

［26］齐昕彤.计算机辅助设计在服装设计中的应用探索［J］.轻纺工业与技术，2020，49（8）：88-89.

［27］刘丽丽.服装创意设计的思维方法［J］.山东纺织经济，2020，276（2）：28-30.

［28］唐刚，卜俊，孙培贤.基于感性认知的直条纹服装设计研究［J］.毛纺科技，2020，48（6）：62-67.

［29］韦玉辉，苏兆伟，夏敏，等.基于嵌花吊目技术的服装图案设计与工艺

［J］.服装学报，2020，5（2）：145-149.

［30］杨旭.浅析服装舒适性的影响因素［J］.轻纺工业与技术，2020，49（3）：61-62.

［31］张冰冰.服装设计研究——评《服装产品设计》［J］.上海纺织科技，2020，48（3）：66.

［32］吴梦婕，孟家光，刘艳君."爱裳彩虹"系列服装的设计与制作［J］.纺织科技进展，2020（2）：31-34.

［33］匡迁.民族元素在服装设计中的应用［J］.纺织科技进展，2020（2）：54-56，64.

［34］王莎.鲁锦图案在服装中的运用［J］.纺织报告，2020（1）：68-71.

［35］张利利，濮琳姿.羊毛毡在服装再造中的应用［J］.纺织科技进展，2020（12）：48-50.

［36］葛英颖，石浩辰.现代印染艺术在服装设计中的应用初探［J］.中国包装，2020，40（11）：65-67.

［37］王小萌，李正.印染艺术在服装设计中的创新与应用［J］.毛纺科技，2020，48（10）：62-68.

［38］郝静娴，宋瑶，孙润军."恋青花"系列服装的设计与开发［J］.纺织科技进展，2020（9）：40-43.

［39］刘博，丛洪莲，吴光军.绢丝/羊绒混纺全成形服装的设计和开发［J］.丝绸，2020，57（9）：114-119.

［40］陈汉东.现代印染艺术在服装设计中的应用［J］.纺织报告，2020，39（8）：59-60，66.

［41］王敏，刘斯年，金万慧.无缝针织技术及无缝针织机的历史与发展［J］.中国纤检，2020（1）：126-127.

［42］李沫.计算机辅助设计在高校服装设计教学中的角色分析［J］.信息记录材料，2020，21（8）：118-119.

［43］鲍仁成.计算机辅助设计在服装设计中的应用研究［J］.流行色，2019

（5）：100，102.

［44］胡少华.服装设计作品——竹海印象［J］.大众文艺，2019（24）：276.

［45］杨雅莉，孙振可，孔媛，等.数字化定制服装"追踪式"体验营销模式研究［J］.毛纺科技，2019，47（4）：66-70.

［46］丁小玥，胡洛燕，张玉静，等.产品生命周期理论在服装企业中的应用［J］.中原工学院学报，2019，30（1）：38-41，82.

［47］姚学天，王琴华.针织面料性能与服装垂褶造型的关系研究［J］.作家天地，2019（23）：174，176.

［48］杨玉燕.服装设计中数码印花纺织面料的运用［J］.纺织报告，2019（11）：34-36.

［49］王巧，宋柳叶，王伊千，等.新中式服装设计特征及其路径［J］.毛纺科技，2019，47（11）：45-50.

［50］王康.服装设计植入现代印染科技工艺的创新研究［J］.大观（论坛），2019（10）：40-41.

［51］吴济宏，望潇，张新斌，等.功能性针织面料及生产技术发展趋势［J］.针织工业，2019（9）：1-3.

［52］董培琪，董函孜，任祥放，等.新媒体时代服装品牌传播策略研究［J］.针织工业，2019（9）：67-71.

［53］乔卓然.浅谈服装设计植入现代印染科技工艺的创新应用［J］.考试周刊，2019（44）：195.

［54］何璐.服装设计中现代印染艺术的应用分析［J］.中国文艺家，2019（5）：116-117.

［55］李晶晶.现代印染艺术在服装设计中的应用［J］.流行色，2019（5）：85，87.

［56］齐冀.论服装品牌的差异性、时尚性、经典性［J］.艺术教育，2019（5）：184-185.

［57］于维晶.计算机辅助设计在高职院校服装设计教学中的应用研究［J］.

当代教育实践与教学研究，2018（8）：248.

［58］邓才宝.大数据在服装设计上的应用研究——评《服装CAD应用与实践》［J］.印染助剂，2018，35（9）：72-73.

［59］李智垚.计算机辅助设计在服装设计中的应用研究［J］.计算机产品与流通，2018（12）：284.

［60］张翠红.服装CAD在中职服装设计课程中的应用［J］.家长（下半月），2018（10）：141.

［61］林丽敏.计算机辅助设计在室内设计中的应用探究［J］.艺术科技，2018，31（7）：194-195.

［62］雷甜."工作室制"的教学模式研究——评《服装效果图计算机辅助设计方法与实践》［J］.印染助剂，2018，35（2）：70.

［63］沈海娜，支阿玲.基于三维技术的服装艺术设计专业"计算机辅助设计"课程教学改革实践［J］.美术大观，2018（11）：130-131.

［64］罗岐熟.计算机远程辅助服装设计管理系统的实现技术研究［J］.染整技术，2017，39（9）：8-10.

［65］孟婷.浅谈印象派绘画在服装设计中的应用与实践［J］.大众文艺，2015，361（7）：118.

［66］姜绪刚.浅析服装产品生命周期与管理优化［J］.轻纺工业与技术，2013，42（5）：101-102.

［67］贾鸿英.创意服装设计要素探究［D］.无锡：江南大学，2022.

［68］屠晴园.服装设计中模块化设计方法的应用与实践研究［D］.南京：南京艺术学院，2022.

［69］魏晓洁.浅析面料再造在服装设计中的应用［D］.天津：天津美术学院，2022.

［70］刘俊廷.可持续视域下服装重组再利用设计探究［D］.沈阳：鲁迅美术学院，2022.

［71］曾华倩.服装设计大赛中前卫服装（Avant-garde clothing）的外轮廓造型

设计研究［D］.上海：东华大学，2021.

［72］曲艺彬.当今"中国主题"服装设计研究［D］.苏州：苏州大学，2021.

［73］李司琪.模块化虚拟设计在服装定制中的应用［D］.上海：东华大学，
2020.

［74］董培琪.新媒体平台下针织服装品牌设计及推广策略研究［D］.无锡：
江南大学，2019.

［75］丁颖.跨界思维在当代服装设计领域的应用探析［D］.武汉：湖北美术
学院，2018.